数字印刷实用教程

车润星　黄孝章　著

知识产权出版社
全国百佳图书出版单位

图书在版编目(CIP)数据

数字印刷实用教程/车润星, 黄孝章著. —北京: 知识产权出版社, 2015.2

ISBN978-7-5130-2774-8

Ⅰ.①数… Ⅱ.①车… ②黄… Ⅲ.①数字印刷—教材 Ⅳ.①TS805.4

中国版本图书馆CIP数据核字(2014)第123221号

内容提要

数字印刷技术经过多年的发展, 印刷质量明显提高并被广泛运用。本书以图文并茂的形式, 介绍了静电数字成像数字印刷机的实际操作和实施过程。主要内容包括: 数字印刷设备的选择; 纸张的选择、使用和保管; 数字印刷印前图文处理; 车间的生产管理; 数字印刷机操作实例; 数字印刷产品的质量控制; 数字印刷的成本控制等。本书可以作为从事数字印刷的生产操作人员、生产管理人员、数字印刷部门负责人及准备涉足数字印刷生产的相关人员的参考资料。

责任编辑: 唐学贵

执行编辑: 于晓菲　吕冬娟　　　　　　责任出版: 孙婷婷

数字印刷实用教程

SHUZI YINSHUA SHIYONG JIAOCHENG

车润星　黄孝章　著

出版发行: 知识产权出版社 有限责任公司	网　址: http://www.ipph.cn
电　话: 010-8200860-8363	http://www.laichushu.com
社　址: 北京市海淀区马甸南村1号	邮　编: 100088
责编电话: 010-82000860转8363	责编邮箱: yuxiaofei@cnipr.com
发行电话: 010-82000860转8101/8029	发行传真: 010-82000893/82003279
印　刷: 北京中献拓方科技发展有限公司	经　销: 各大网上书店、新华书店及相关专业书店
开　本: 720mm×960mm　1/16	印　张: 7.75
版　次: 2015年2月第1版	印　次: 2015年2月第1次印刷
字　数: 105千字	定　价: 36.00元

ISBN978-7-5130-2774-8

目　录

第一章　数字印刷设备的选择

　　数字印刷设备种类较多，根据成像方式的不同，主要分为两大类：在机直接成像数字印刷和可变图文数据数字印刷。其中，可变图文数据数字印刷采用的技术主要有静电成像、喷墨成像、电子成像、离子成像、磁成像、电凝聚成像等。如何选择适合的数字印刷机，应当考虑企业发展战略、生产保障、印刷品质要求等因素。由于静电成像数字印刷技术相对比较成熟，其在大批量生产中印刷质量可与传统胶印相媲美，在某些方面，质量甚至超过了传统胶印。

第一节　数字印刷的应用及前景

以数字技术为核心的高新科技正在对传统出版业产生革命性的影响，自觉地适应和运用高新科技是印刷企业应当高度重视的战略问题。数字印刷在美国已经得到较为成熟的运用和发展，在美国按需出版（POD）的概念大致指两类业务。

一类是图书的按需印制（printing on demand）和发行。从事这类业务的公司通常具有一定规模。如美国最大的发行商Ingram所属的Lightning Source Inc.（LSI）公司、世界最大的出版集团贝塔斯曼（Bertelsmann）所属的Offset Paper Back Mfr（Offset）公司、美国数字印刷商Vestcom公司等。其主要特点是：服务对象是出版商和发行商，实现图书先订购，后制作。

另一类是指出版服务（publishing on demand），也称自助出版（self-publishing）。网络技术的发展和数字印刷技术的日臻成熟，使美国的出版服务公司蓬勃发展，目前数量已有100多家，其中规模较大的公司有六七家，如Xlibris、iUniverse、Authorhouse、Lulu、Infinity等。这些公司从业人员大多来自出版社、印刷及设计机构。采用这种方式出版的图书品种较多，目前尚无较一致的统计。这类公司的服务对象主要是作者，收入也主要来自作者，来自市场销售的收入大约占20%～30%。

美国按需出版的印制工作主要由大型出版或发行集团投资的数字印刷厂承担，数字化的商业印刷机构则占有少量份额。Lightning Source Inc.（LSI）按需印刷公司位于田纳西州，由美国最大的发行商 Ingram 于 1997 年投资设立，是 Ingram 所属的五个主要机构之一。该公司与全球 3200 多家出版社有合作关系，为北美、欧洲、非洲及大洋洲地区提供服务，每月印制约 60 万册图书，利润比较可观，目前该公司已经建立一个拥有 20 多万种图书的数字图书馆（包括新书、畅销书、断版书和缺藏书）。LSI 公司主要为传统图书出版社（大学出版社、科技出版社、学术和专业出版社等）、按需出版机构、书店和图书馆提供按需印制和发行服务。公司利用其强大的数字印制能力，依托母公司 Ingram 强大的发行优势（完善的供应链、庞大的数据库和完整的物流体系）和信誉，为客户提供印制和发行"一条龙"服务。图书根据每单实际订购数印制，单品种一般印数为几册至几十册。LSI 公司月印量超过 6000 万印（A4），数字印刷的质量已达到传统印刷的水平。每周不间断地工作，批发订单能够做到在两个工作日内发货。

为了降低成本，提高效率，生产企业通常采用数字印刷机连续（每周 7 天×24 小时）运转的方式。数字印刷图书的印数是根据客户的需求进行印刷，区别于传统印刷方式的是只计算单册成本而与印数无关，生产基本不会产生库存，并且能做到快速发货。

LSI 公司数字印刷的特点是规模化生产，自动化管理以降低成本；所有图书，任何时间，送达任何地点；减少投资风险，加速资金周转；每种图书累积印数在 1~10000 册之间；直接为出版者服务。

在国内，随着数字印刷技术的广泛应用，部分出版机构和印刷服务商逐步意识到数字印刷的重要性，但目前数字印刷还处于起步阶段，绝大多数企业还做不到连续生产及自动化管理，在更换品种时还需要停机装入数据，并调整设备。因此，如果图书印数很小，将会大大降低设备利用率，成本也就相应升高。目前在国内，数字印刷与传统印刷印制成本上的平衡点，根据开本不同约为 600~800 册（即少于此印数时，数字印刷费用比传统印刷费低）；但考虑到储运等其他因素，即使销量更大的图书，也可采用按订数分批印发的方式以降低库存、减少浪费。

传统印刷方式局限于印量越大平均成本越低的规律，一方面易产生库存积压，另一方面也易造成断版，从而导致材料和能源浪费；而图书的数字印刷能够较好地解决这一问题，目前制约数字印刷发展的关键是成本问题。

表 1-1 小印量图书传统胶印单印张成本对照表为传统胶印价格参考（单色内文，彩色封面，含出片费、制版费）。

表 1-1　小印量图书传统胶印单印张成本对照表

图书印数（册）	50	100	200	400	600	800	1000	1500	2000
印张单价（元）	8.6	4.4	2.3	1.2	0.79	0.72	0.61	0.47	0.40

数字印刷的主要成本包括：设备费、服务费、纸张费和运行费（工资、厂房、水电）等。其中设备费与同等生产能力的胶印机相比仍然较高，但随着市场数字印刷设备的不断完善及品种的不断增多，降价趋势明显。服务费是设备供应商为保证设备不间断工作，按照印量向使用者收取的费用，服务费是造成数字印刷与胶印差价大的主要因素。近几年来，国外数字印刷设备在国内印刷市场占有率呈逐年增加趋势，服务费也有明显降低，随着生产量加大，服务费价格还有进一步降低的空间；而数字化印制的需求呈现出明显增长的趋势，国内印刷市场上数字印刷的竞争力正在不断提高。

第二节　选择数字印刷的依据

市场上数字印刷设备琳琅满目，选择何种数字印刷机与企业的发展战略密切相关。由于数字印刷设备比较昂贵，印刷市场的利润空间比较小，所以只有形成规模化生产才能实现盈利。因此，如何选择数字印刷机则更应考虑企业的发展战略。首先，要考虑企业的整体发展。一个企业是由若干相互联系、相互作用的局部构成的整体，企业发展面临很多整体性问题，如对资源的开发、利用与整合问题，对生产要素和经营活动的平衡问题，对各种生产关系的支撑、理顺问题。发展一个企业如同建筑一幢楼房，有的部位是地基，有的部位是主梁，有的部位是楼梯拐角，就连楼房最光鲜的外立面也离不开其他各个部件的支撑。所以，企业是否发展数字印刷，以及选择何种类型的数字印刷机，应将企业的整体发展放在首要位置加以考虑。其次，要考虑企业的长期发展。俗话说得好：人无远虑，必有近忧。一个企业要想长远发展，做"百年老店"，就不仅要提前想到未来可能出现的问题，而且要提前做好解决问题的预案。因此企业要正确处理短期利益与长期利益的关系。由于目前数字印刷市场在国内还处于起步阶段，但随着单品种印量的减少，数字印刷必将成为未来的发展趋势。因此，企业应以发展战略为指导，必须考虑以下几方面的问题：第一，企业的生产规模。根据生产规模的大小，考虑是采购喷墨类数字印刷机还是静电成像类数字印刷机，以及采购的数量。第二，产品的市场定位。企业的发展方向决定了产品的市场定位，产品的市场定位应当与企业的主要发展方向保持一致。第三，印刷单册成本、市场报价与生产规模及印刷总量密切相关。当生产规模和印刷总量较大时，印刷单册成本就会较低，企业应突出市场报价的竞争力；反之，印刷单册成本就会较高，企业则更应注重提供快速而便捷的服务。

第三节　选择数字印刷的生产保障

选择数字印刷的生产保障主要应考虑生产场地、印刷机对环境的影响以及售后服务等因素。生产场地应当便于设备的进出和货物的运输，一般包括印前处理车间、印刷车间、装订车间、原材料库房及成品周转区。由于数字印刷机对环境的要求较高，不同品牌的数字印刷机对环境的要求也不尽相同，设备厂家要求印刷车间温度一般控制在20~25℃，温度过高或过低都会影响设备的正常运转。湿度一般控制在30%~60%，湿度过高时，机器就会停机报错，湿度过低时，由于纸张的静电容易造成机器卡纸，并且会影响机器定影效果（图1-1）。数字印刷机在生产过程中会产生少量臭氧，企业可自行加装排风设施以改善印刷车间的生产环境（图1-2）。

图1-1　印刷车间加湿设施

图 1-2　印刷车间排风设施

为了便于数据的传送，印前车间一般装有较高配置且硬盘空间足够大的电脑，并配备性能稳定且有较大带宽的网络，以便于准确、快速地传输数据。同时，印前车间与印刷车间还应配备连接印刷车间服务器和数字印刷机的网线。

生产能否顺利进行与设备的售后服务息息相关。数字印刷机的设备提供方通常提供全包服务，实行按张收费的服务方式，设备提供方负责提供生产耗材，并负责对设备进行定期维护保养。为了不影响生产，生产操作员应当能够自行更换一般耗材，并处理简单的设备故障，如更换墨粉、取出卡纸、清洁机器等。

采用何种类型数字印刷机还要考虑生产过程中印刷机的稳定性及故障率，稳定性包括墨色是否一致、正背是否套准、数据接收是否完整准确等。故障率通常考察机器卡纸率、常用耗材报修频率、环境对机器影响所造成的生产损耗的差错率、数字印刷机的故障率，特别是人工对设备干扰程度对企业的生产效率影响较大，这些都是企业在选择数字印刷机时需要特别注意的问题。总之，经过多年发展，静电成像黑白数字印刷机的印刷质量可与传统胶印相媲美，其中在墨色一致性及正背套准方面呈现出明显优势。

第四节　数字印刷机的基本性能

选择数字印刷机时，不仅要结合企业产品的市场定位，还要参考印刷品的质量是否符合市场的期望和要求，应选择性价比最高的机器。总的来说，平张纸印刷的静电成像数字印刷机对纸张的适应性较强，由于机器品牌的区别，数字印刷机适用纸张最低克重为50~60g，最高克重可达250~300g，印刷上机纸张尺寸可达491mm×320mm，最大可达500mm×350mm，印刷速度为254~288幅图像A4页面/分钟，在正常生产情况下，企业一台机器一天可生产图书（以16开本，每册15印张为例）1200~1500册。以奥西6250印刷机为例，Océ VarioPrint® 6250+ Line是一系列高容量、单张数字印刷机。该数字印刷机可用于文档打印和流打印，其主要特点在于采用了Océ Gemini直接双面印技术，此项技术使数字印刷机能够同时打印一张纸的正面和背面。打印一页双面文档时，持续打印速度可达254A4印/分钟。该机器的主要性能包括以下几个方面。

（1）打印分辨率为600×1200dpi。

（2）通过使用Océ Gemini直接双面印技术，数字印刷机可以同时打印纸张的两面。

（3）操作面板上采用的高级计划概念，可保持数字印刷机运转。

（4）在数字印刷机打印时装入和分配介质。

（5）在数字印刷机打印时取出介质。

（6）在初始化数字印刷机后，在数字印刷机预热时分配介质。

（7）最多支持12个纸盒（总输入容量高达13800张纸）和一个卷送纸器。

两个标准纸盒，分别具有600页容量。

两个大容量纸盒，分别具有1700页容量（如果安装可选双层纸盒，则分别为3300A4/Letter页）。

（8）支持最多3个堆叠器、一个出纸处理器和其他外部出纸处理器。

（9）支持各种介质、介质尺寸和介质重量，打印纸张尺寸为203mm×203–320mm×488mm。

（10）支持PS/PCL/PDF和流式PS。

（11）支持TP（IPDS、PCL/PJL）。

（12）支持各种软件产品，例如Océ PRISMA系列、Xerox® FreeFlow®。

（13）通过Océ DP Link支持RDO文件。

（14）生产噪声：等待时58db，运行时78db。

（15）能耗：等待时 1kW，运行时 4.4kW，每增加一组输入或输出设备，能耗增加 100W。

数字印刷机通常由组件模块组成，奥西 6250 数字印刷机主要由 8 个模块组成，其每个模块的功能如下表 1-2 所示。

表 1-2　奥西 6250 数字印刷机模块功能表

序号	组件	功能
1	操作面板	操作面板可以处理日常工作，例如计划作业。此外，操作面板还可以帮助操作员纠正错误或执行维护任务
2	操作员注意灯	操作员注意灯用于远距离查看系统状态。其中，红色 LED 表示打印机已停止，例如，因所需介质类型不可用或发生了错误，需要操作员立即注意；橙色 LED 表示数字印刷机将很快停止，例如，因为需要更多纸张，需要操作员尽快注意。在机器到达警告时间时，橙色灯将亮起。警告时间是一个可设置的时间，以确定橙色灯何时必须亮起；绿色 LED 表示打印机正忙于打印机；LED 熄灭表示数字印刷机处于空闲或关闭状态
3	卷送纸器（可选）	卷送纸器是一种可选设备，它可以增加数字印刷机的输纸容量。使用卷送纸器时，可以仅使用 1~2 个输纸模块。3 个输纸模块和 1 个卷送纸器的组合是不可能的。操作面板显示卷送纸器并提供有关卷送纸器状态的反馈。例如，卷已满还是已空

序号	组件	功能
4	输纸模块	输纸模块包含4个纸盒。纸盒中包含将要打印的介质。系统的默认配置包含1个输纸模块。可以向默认配置再添加1~2个输纸模块，以提高介质输入容量
5	引擎模块	引擎模块包含打印介质的组件。只有在出现卡纸或需要维修时才需要进入引擎模块。通过引擎模块左侧和右侧的门可以进入碳粉单元
6	打孔机（可选）	打孔机（iXDP）可在打印稿上打孔。孔的数目取决于安装的模架
7	堆叠器	堆叠器是默认配置的输出位置。系统最多支持3个堆叠器
8	出纸处理器（可选）	堆叠器顶部的出纸处理器是打印作业的可选输出位置。出纸处理器可以装订作业

　　数字印刷机对生产环境有相应的要求，奥西6250数字印刷机对生产使用环境的要求主要有：室内温度建议在20~25℃（在实际操作中，当温度保持在22℃时，可获得较好的系统性能）；相对湿度建议在30%~60%（在实际操作中，当湿度保持在50%以下，可获得较好的系统性能）；由于设备总重量约为1200kg，所以安装地点及搬运通过地点的地板应能够承受540kg的重量；安装地点地面应平整并满足4m×6m的空间；应有良好的通风环境等。

第二章　纸张的选择、使用与保管

数字印刷对纸张的要求比较高，在批量采购之前，应当进行测试，选择合适的纸张能够提高机器的生产效率，了解纸张的生产和性能，对纸张的高效率使用能够起到指导作用。

第一节 纸张的生产

即使是一张普通纸张的生产也是一个复杂的化学和物理过程。其基本原理是将造纸原料的纤维打碎，再经高温重新结合。纸张通常由木浆制成，也有用草浆和木浆混合制成，利用松木等软木制成的纸不易破损但比较粗糙，而利用桦木等硬木制成的纸容易破损但比较光滑。为了生产出统一的纸张，将两种木浆混合则可制成比较理想的纸张。然而，造纸是个快速的流程，具有固有的制造差异，同时，造纸原材料自身也具有相当的差异，这对造纸厂的造纸质量与统一性的监控和控制能力提出了挑战。纸张生产分为以下两个重要环节。

（1）制浆。首先要去掉树皮，将剩下的木材打成小碎片，然后利用高温和高压进行化学处理，以溶解木材并生成液态的木质纤维混合，再将暗褐色的木浆进行漂白。

（2）抄纸。这一环节主要是制浆机处理并分离纤维，这对最终造出的纸张的卷曲度、不透明度、厚度及硬度具有重要影响。在这一环节，填充剂和化学制品都会被添加到木浆中，这些添加物对纸张的外观和物理特性具有重要影响，它们决定纸张的亮度和等级。然后混合各种添加剂的纸浆将进入造纸机，纸浆进入湿部，再流过流浆箱，流浆箱的压力盒将纸浆混合物均匀分配到细筛孔的环形筛网上。在制造过程中，纸张与筛网接触的一面称为反面，纸张正反面在卷曲方向和光滑度等很多特性方面都有区别。纸浆在细筛孔上逐渐脱水，当纤维逐渐能支撑其重量后，通过干燥、压光，最后制成成品。

纸张在生产过程中，为了使纸张达到一定的效果而使用的添加剂是在制浆、抄纸和纸加工过程中，用以处理纤维原料、纸浆和原纸的化学品。常用的造纸化学品有荧光增白剂、增强剂、施胶剂、涂布剂、柔软剂、助滤剂、脱墨剂、硫酸盐、烧碱、硫化钠，漂白用的液氯、次氯酸钙，纸张施胶用的松香、明矾等。添加剂的使用量大小对纸张的上机印刷效果影响很大，不恰当的使用会使纸张出现掉粉、易碎、偏色等现象。数字印刷机使用这一类纸张时，故障率会明显增高。

纸张通常可分为酸性纸和碱性纸，其酸碱性主要是由制造过程中的内部上胶工艺决定的。利用树脂、明矾生产出来的纸通常是酸性上胶纸，该类纸张在20世纪90年代前期深受北美市场的青睐，现在，大多数纸张生产厂商已转为采用合成的内部胶料，在略微碱性的条件下生产纸张，美国试验和材料学会（ASTM）已经制定了纸张性能的相关标准，pH值≥5.5的纸张可以持续50~100年，pH值=7.5~9.5的纸张可以持续几百年。总的来说，酸碱两种环境下都可以生产出优质的纸张。酸性上胶纸的主要缺点是纸张寿命短，比碱性纸更易老化，最后会变黄变脆。

第二节　纸张的选择、使用与保管

常用的纸张有胶版纸、轻型纸、纯质纸，而静电复印纸输出质量较高，但纸张成本也比较高，为了控制成本，只有在特殊要求下才使用。不同类型的纸张性能也不尽相同，纸张的包装方式主要分为两大类：卷筒纸和平张纸。如图2-1和图2-2所示。

图2-1　卷筒纸准备印刷

图2-2　平张纸准备印刷

喷墨数字印刷机及轮转式静电成像数字印刷机使用卷筒纸印刷，纸张生产厂家需要根据喷墨数字印刷机的参数要求进行定制生产，目前定制喷墨数字印刷机专用纸张的价格比普通卷筒纸平均贵10%左右。

非轮转静电成像数字印刷机主要使用平张纸印刷，国内市场上生产的常用胶版纸、纯质纸、轻型纸、铜版纸，以及部分特种纸无需定制均可上机印刷。由于数字印刷产品具有多品种、小批量的特点，印刷时通常根据生产工单计算纸张用量提前预备，根据加放量使用多少裁切多少，未使用的纸张保存时应注意防潮。如下图2-3所示。

图2-3

　　目前国内大多数纸张生产企业，同类产品不同生产批次的纸张仍会出现色差现象，按照印刷生产要求，一个印刷品应使用一个生产批次的纸张，以防印刷品出现色差现象。对于生产过程中暂时用不完的纸张应当做到分类保管，并注明生产厂家、生产日期、纸张克重、纸张规格、纸张类别等信息，防止再次使用时出错。如下图2-4所示。

图2-4

纸张在使用过程中，为防止用错纸张，通常不允许在数字印刷机一个进纸盒里存放两种或两种以上不同类型的纸张。裁切好的纸张应整齐叠放，以便于取用，如下图2-5所示。

图2-5

上机之前，应当检查纸张的卷曲度，如果纸张存在卷曲，应当保证纸盒里的纸张呈略微上翘状态，如下图2-6所示。

图2-6

　　有时候纸张上机前很难发现轻微卷曲度的情况，我们可以通过印品来判断纸张在纸盒里放置是否正确，如果纸张状态是四角下垂，则应当将纸盒里的纸张反扣放置。对于湿度较大或纹路不规则的纸张，如果印刷过程中出现卡纸现象，可尝试将纸张旋转180°后再放入纸盒。

　　由于静电成像数字印刷机的构造特点，使得湿度较大的纸张在使用过程中造成的废品率较高，通常情况下，纸张应密封保存或者在湿度不高于40%的环境下保存。对于湿度较大的新生产纸张、雨季湿度较大时存放的部分轻型纸或胶版纸在上机印刷后容易出现变形现象，纸张存放库房可通过安装除湿设备加以克服。

第三章　数字印刷印前图文处理

印前人员负责数字印刷数据的接收和处理工作，负责将处理好的数据发送到印刷车间并通知生产人员。

第一节 数据的接收和检查

印前人员在接到生产工单和数据后，应当做以下两步检查。

第一步是初步检查。主要是检查接收数据是否完整并合乎要求。印前人员应当对照《生产工单》检查接收到的数据是否完整准确、生产工单填写内容与接收数据是否一致、接收数据的成品尺寸与生产工单尺寸是否一致，如有问题应及时反馈。对于有特殊生产要求的印刷品，还需提前与印刷车间及装订车间沟通，以做好生产准备。

《生产工单》样表如下图3-1。

印号 2013-0004B

	发印单位	XXXX出版社			业务员	张三1361102XXXX	
	收件时间	2013.02.06			完工时间	2013-2-18 8:00	
	印件名称	XXXXXXXX管理实践			印件输出格式	PDF	
	种类/印数	1种/1本	开本	异16K（170*240）	成品尺寸	170*240	
	留存数据	是	保存时间	一周	本次使用数据	新数据	
	填单人	李四			印 前	王五	
	正文版序	扉页/背版权 前言1-3背白 目录1-8 文1-302 内文共 316 页					
	版权内容	书 号	ISBN 978-7-XXXX-XXXX-5				
		版 次			印 次	一版一次	
	封面工艺及要求	封面覆光膜					
业务员填写	装订要求	平装	胶订		勒口	覆光膜	
	说 明 （印件内容）	胶订					
	备 注						

封面用纸及印刷方式			正文用纸及印刷方式			插页用纸及印刷方式		
克重	用纸种类	单/双面	克重	用纸种类	单/双面	克重	用纸种类	单/双面
250g	光铜	单面	70g	胶版纸	双面			
封面单色/彩色	彩色		正文单色/彩色		单色	插页单色/彩色		
封面用纸页数（令数）	0.0005		正文用纸页数（令数）		0.01975	插页用纸（页数）令数		
彩色印量	1 A3	单色印量		19.75		彩机单色印量		
印件总价格		元	免费项目					
打包方式		打小包		送货时间及方式	2013年2月18日，XXXX出版社			
送货地址		西直门南大街XX号		联系人及电话	张三1361102XXXX			

	印件签收及质检意见			
生产及业务填写	类 别	生产车间操作员签收	业务员意见	质检意见
	封 面	月 日 时	月 日	月 日
	正 文	月 日 时	月 日	月 日
	装 订	月 日 时	月 日	月 日

图3-1 XXXX中心印件流程单

《生产工单》是企业生产、统计和结算的依据，随着网络技术的发展，企业要想实现规模化生产，《生产工单》的自动化管理将显得尤为重要。

第二步是细致检查。主要是检查数据的格式及数据中所含图片像素大小是否符合印刷要求，接收数据的格式是否是可用于拼版印刷的标准PDF格式，PDF文件可在多种操作系统进行交互操作，并能够独立于各种软件、硬件及操作系统之上，它以向量方式描述页面中的元素，支持多种色彩模式，它是进行电子传输并进行远距离阅读或打印通用的标准排版文件。为了确保印刷质量，PDF文件中的彩色图片像素应不低于300dpi，扫描黑白图片的像素应不低于600dpi；另外，还要检查字体是否缺失，补字或造字是否丢失或出错，检查版心尺寸是否准确等。

第二节　规范文件

检查完文件的形式准确无误后，还要进行原文件的整移。所谓整移，就是对文件的尺寸和位置进行调整修改，使其适合拼版要求的过程。

打开PDF文件，点击菜单栏中"增效工具"，选择"Quite Imposing Plus"，选择"整移"，如下图3-2所示。

图 3-2

进入"整移 1-选择页面"界面,根据文件要求进行选择(以对所有页面进行整移为例),如下图 3-3 所示。

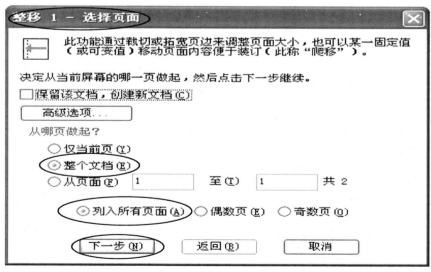

图 3-3

点击"下一步"，进入"整移2-修剪选项"界面，根据文件实际要求点击选项，整理文件尺寸大小，如下图3-4所示。

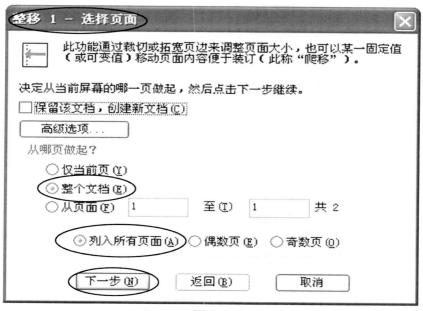

图3-4

点击"下一步"，进入"整移3-移位选项"界面，选择"不移动页面内容"，点击"完成"，完成文件的整移工作，如下图3-5所示。

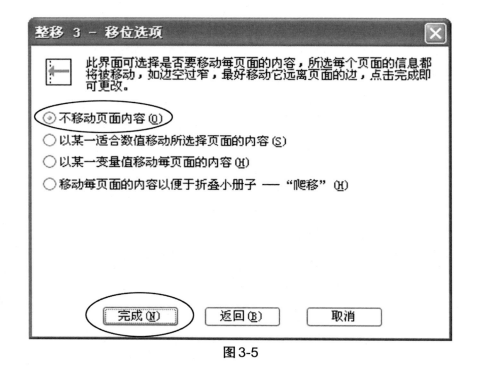

图3-5

第三节　文字转曲

　　所谓文字转曲，就是将可通过"T"工具进行编辑和修改的文字转成矢量的曲线，把文字变成"图像"。文字转曲有三个重要作用。

　　第一，由于转曲后的文件不能修改，所以文件中的文字不会因为替换字体而导致设计作品发生变动。

　　第二，文件中的生僻字体不会因为别人电脑中没有而变成其他字体。

第三，人工造字不会缺失，能够显现并有效保存。

需要注意的是，转曲后文件像素将明显变大，如果通过网络传输将耗时较长，为了缩短文件传输时间，印前人员通常接收未转曲的标准 PDF 文件，同时要求对方将字体安装程序或字库一并发过来，这样就不会造成字体变动或缺字现象发生。转曲后的文件还需要仔细检查，防止文件因转换而出现的其他差错。

转曲方法有多种，常用的有三种方法。

第一种：加水印转曲。

第一步，添加文件。用 Adobe Acrobat9.0 Professional（以 9.0 版本为例）打开 PDF 文件，选择菜单栏——文档/水印/添加，如下图 3-6 所示。

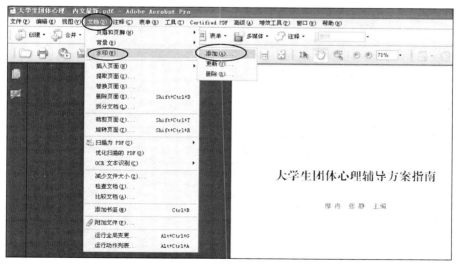

图3-6

　　第二步，设置参数。点击"添加"键，将"保存的设置"选为"加水印""来源/文本"里输入1~2个空格，"字体"随机，"大小"选默认最小值"8"，也可手动设置最小值为1，"颜色"选为白色，"外观/旋转"选"无""外观/不透明度"设为"0""外观/位置"选"看起来在页面之上""位置/垂直距离"选"0毫米，顶部""位置/水平距离"选"0毫米，左边"，点击"确定"，如下图3-7所示。

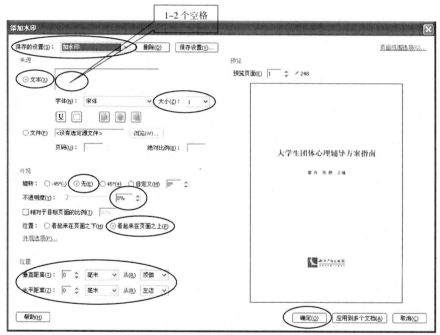

图3-7

　　第三步，拼合。菜单栏选择"高级/印刷制作/拼合器预览"，如下图3-8所示。

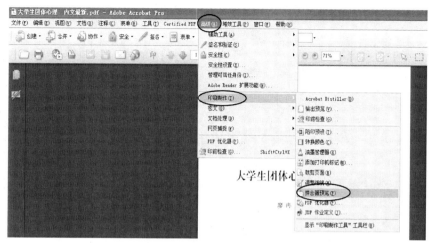

图3-8

　　进入拼合器预览界面，将"线条图和文本分辨率"设为"1200ppi""渐变和网格分辨率"设为"300ppi"，点击选中"将所有文本转换为轮廓""将所有描边转换为轮廓""保留叠印"，在"应用到PDF"项选择"文档中的所有页面"，点"应用"。如下图3-9所示。

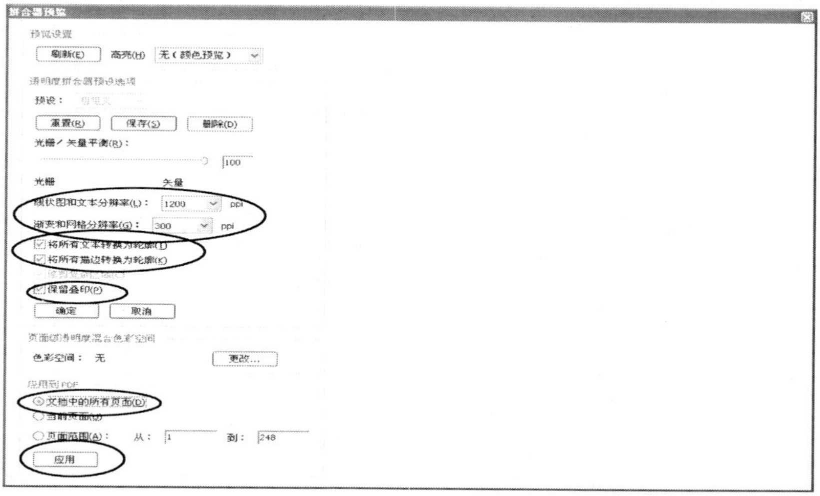

图3-9

第二种：打印转曲。

打开文档后，在菜单栏选"文件/打印""数字印刷机/名称"选"Adobe PDF""打印范围"选"所有页面""页面处理"栏目下"份数"选"1""页面缩放方式"选"无"，选中"自动旋转并居中"，点击"属性"按键，如下图3-10所示。

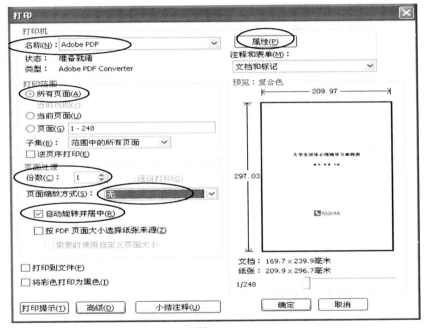

图3-10

进入属性界面，选择菜单栏"Adobe PDF 设置"，将"默认设置"选为"印刷质量""Adobe PDF 页面大小"设置为与文件尺寸相同的尺寸，如果没有相应尺寸，则点击"添加"键进行相应添加，将"仅依靠系统字体；不使用文档字体"项勾空。如下图3-11所示。

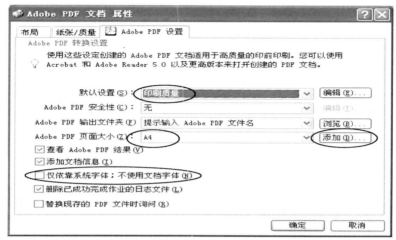

图 3-11

选择菜单栏"布局/高级"选项，"纸张规格"选为与文件尺寸相同的纸张规格，在"图形/Truetype 字体"项选为"下载为软字体"，点"确定"，然后再点"布局/高级"选项中"确定"。如发现问题，应将此文件重新处理。如下图 3-12、3-13 所示。

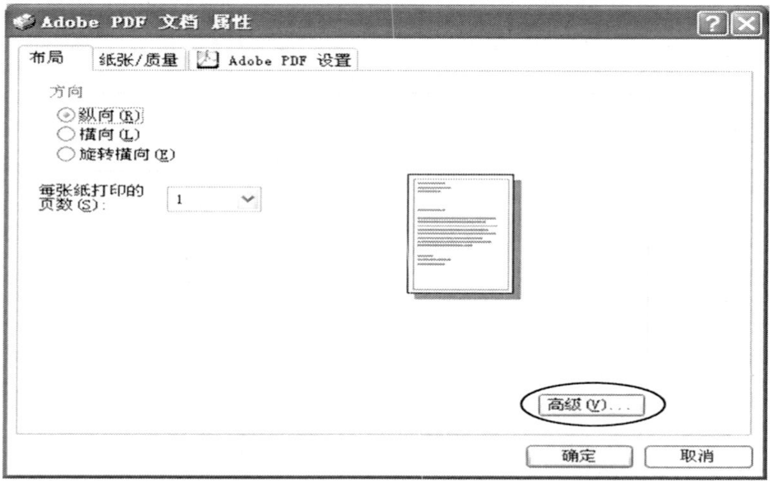

图 3-12

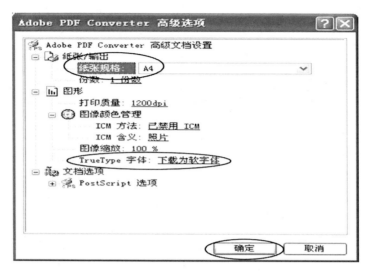

图 3-13

第三种：导 tiff 转曲。

如果文档为扫描文件，通常使用此方法转曲。打开文档后，选择菜单栏中"文件/另存为"，将"保存类型"选为"TIFF"，点"保存"即可，如下图 3-14、3-15 所示。

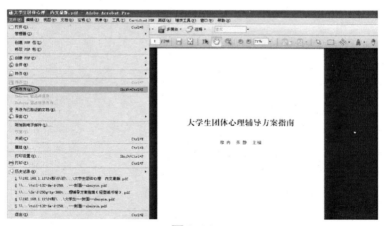

图 3-14

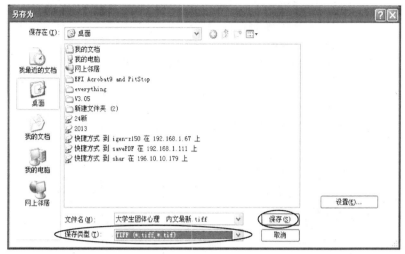

图 3-15

第四节　拼版

在完成转曲、确定文件尺寸（含出血）无误后，按工单要求可进行拼版。根据客户要求，拼版有多种方式，以下只介绍常用的平装胶订拼版和骑马订拼版两种方式。

第一种，平装胶订拼版。

用拼版软件 Adobe Acrobat9.0 Professional（以 9.0 版本为例）打开待拼版文件，点击菜单栏中"增效工具"，选择"Quite Imposing Plus"，选择"连拼"如图 3-16。

图 3-16

点"确定",进入"连拼-1"界面,样式如下图3-17所示。

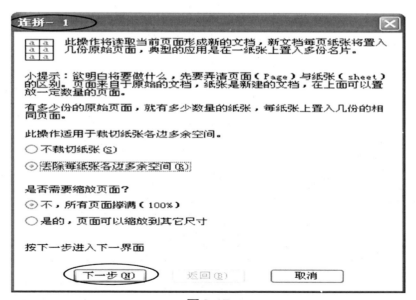

图 3-17

点击"下一步",进入"连拼-2"界面,给页面加角线、加边空,按文件要求作如下处理(示例),具体操作如下图3-18所示。

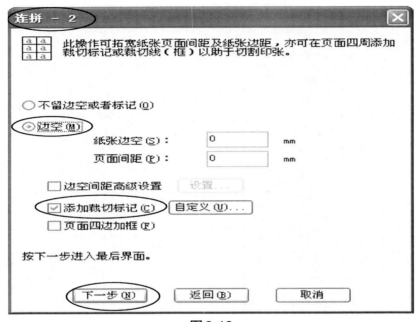

图3-18

点击"下一步",进入"连拼-3"界面,"纸张尺寸和外形"选择"最大值(　)""页面布局"根据具体文件尺寸大小和上机印刷纸张大小,确定每页拼版行列数,下图3-19以"2列1行"为例,点"完成",拼版完成。

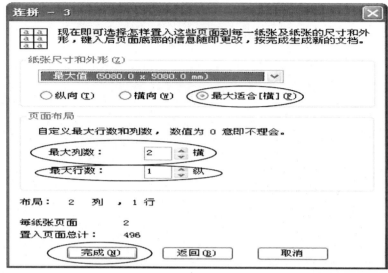

图 3-19

拼版完成后，点击菜单栏中"增效工具"，选择"Quite Imposing Plus"，选择"整移"，使拼版文件尺寸大小适合上机印刷纸张尺寸大小，对拼版文件进行整移，具体操作同"第二节 规范文件"，如下图 3-20 所示。

图 3-20

第二种，骑马订拼版。

用拼版软件Adobe Acrobat9.0 Professional（以9.0版本为例）打开待拼版文件，点击菜单栏中"增效工具"，选择"Quite Imposing Plus"，选择"装订册"如图3-21。

图3-21

进入"创建装订册"界面，如下图3-22所示。

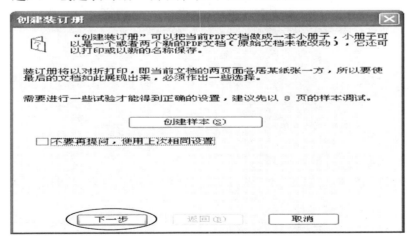

图3-22

点击"下一步",进入"创建装订册—页面尺寸"界面,默认选项1,如下图3-23所示。

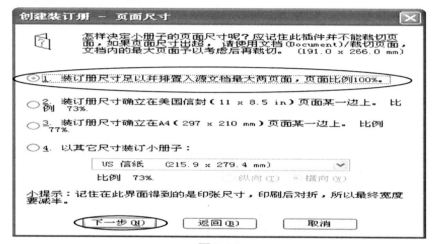

图 3-23

点击"下一步",进入"创建装订册—选择装订方式"界面,选择"骑马订",如下图3-24所示。

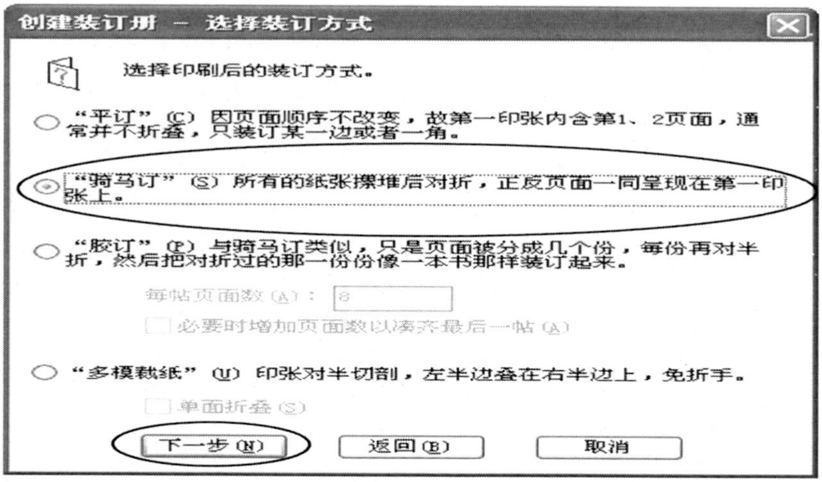

图 3-24

点击"下一步"，进入"创建装订册—正反翻"界面，默认选项1，如下图3-25所示。

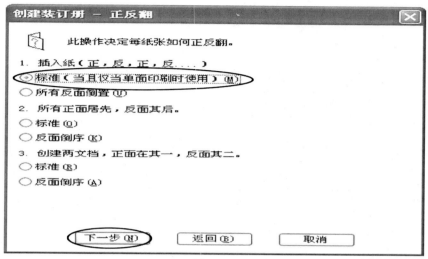

图3-25

点击"下一步"，进入"创建装订册—矫正页面"界面，默认选项2，点击"完成"，如下图3-26所示。

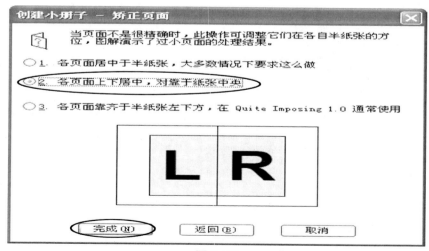

图3-26

拼好版后，应根据上机印刷纸张的大小调整文件尺寸，对拼版文件进行整移，具体操作同"第二节　规范文件"，如下图3-27所示。

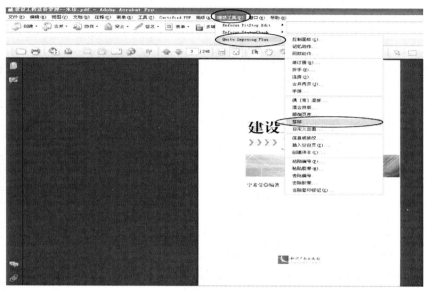

图3-27

拼版完成并保存后，应当做最终检查。检查内容包括：版序和页序是否符合生产工单的要求；检查白页的位置是否正确；检查奇偶页是否与页序吻合；检查是否出现缺页或者重页；检查版心正背是否套准；如果正文图像版式有出血现象，应检查图像的大小是否具备出血的要求。以上检查无误后，将拼版最终文件存盘到印前服务器指定的位置。

第五节　发印并通知打样

发印有两种方式：一种是驱动印刷，即印前电脑与印刷机直接联网发印；另一种是发印文件印刷，即印前将发印文件发送到印刷车间服务器指定的位置，由印刷车间安排印刷。

印刷车间接到发印数据和《生产工单》后，应按要求打样。打样有两种方式：一种是RIP前打样，另一种是RIP后打样。由于RIP前打样时的文件很难保证与输出印刷时的文件一致，很容易造成打样结果与最终印刷结果不一致，因此，在生产中通常采用RIP后打样。

打样是生产过程中的一个关键环节，也是进行质量控制和生产管理的重要手段，它是为客户提供最终印刷品的样品。印前接到打样后，要对照原文件进行比对，确保打样文件与原文件一致后方可交给客户确认。由于打样是批量印刷的首要环节，印前车间在接到文件进行相应处理后，应当通知生产车间将打样在指定时间送到客户手中。客户确认无误后，应当在打样上签署意见，然后印前车间方可通知印刷车间批量印刷，批量印刷的印品应按时交货。打样是生产和质检的重要依据，生产车间将打样应集中保存便于查找。

第四章　车间的生产管理

　　由于每个车间的生产任务不尽相同，因此车间管理者不但要制订详细的员工日常管理规定，包括着装、考勤、安全、卫生、消防、物品摆放、流程交接、材料管理等规定，而且还应当坚持每日的生产例会制度，通过印前车间、印刷车间、装订车间等各岗位负责人，以及技术支持、生产调度人员的参与，解决前一天生产中发现的问题，安排当天的生产任务，协调各车间的生产关系，及时处理影响生产的各种问题。除此之外，还应当明确各生产岗位职责，制订生产流程中正常的操作程序及加急操作程序，并建立一系列生产管理和保障制度。

第一节　车间日常管理

各车间负责人对本车间的安全生产负有主要责任。生产调度为安全生产总负责人，负责对各车间进行安全检查与指导、召开会议、修订制度、违规处罚，并将安全检查、会议纪要等各项记录文件存档保存。新员工上岗前、员工调整到新的操作岗位后，各车间负责人应安排该员工进行三级安全教育培训。员工三级安全教育经考试合格后，教育者应和受教育者应逐项填写"三级安全教育记录"内容，作为新员和调整岗位员工入职材料存档备案。通过学习安全生产规章制度、各项相关设备安全操作规程，并在师傅带领下，逐步熟悉操作要领，经培训合格后方可单独操作。员工在上岗工作期间应按要求使用劳保用品，车间负责人应以不定期抽查的方式检查各岗位员工使用劳保用品的情况。

车间要做到安全生产，还应当明确：严禁在设备运行时或带电状态排除设备故障或更换零配件。非专业工程师、车间负责人或生产调度指导，严禁拆卸机器零配件。工程师维修保养机器时，车间负责人必须指定专人陪同，了解维修保养过程，协助工程师尽快恢复机器生产。机器维修保养时应按要求配带手套、使用除静电设备等安全防护设备，并按照正确方法操作。

生产车间应按不同功能区分出不同区域，车间物品应在指定区域内摆放，物品摆放应做到有序、整齐和规范。根据安全操作要求，生产通道、消防通道内严禁摆放物品及其他杂物。

生产耗材及备件的管理是生产车间安全生产不容忽视的问题，耗材在保管、使用和交接过程中应轻拿轻放，做到从哪里拿就放到哪里去。洗料、刀片、耗材、配件等生产物资应由各车间负责人集中保管，登记使用，对当时未用完的生产物资应及时回收、保管。

安全生产应做到奖罚分明，对违反安全生产规定而造成经济损失的生产事故，车间应当建立相应的处罚措施；对于本车间由于安全方面发生问题但查找不到责任人的，造成的损失应由该车间集体承担。生产车间可将安全生产考评与年终考评相结合，对违反安全生产规定的人员，车间负责人或生产调度可视情节轻重予以相应的处罚，对在安全生产方面表现突出的的个人则应予以奖励。

第二节　车间损耗管理

装订车间在生产中难免会发生损耗，有些损耗是不可避免的，而有些损耗属人为造成，但无论发生哪一种情况，最终都应按《生产工单》要求数量按时完工。装订车间各机台在操作过程中发现损耗时，一般由相关操作员将损耗实物交给车间负责人，车间负责人汇总后集中交给印刷车间补齐损耗数。在通常情况下，装订车间补齐损耗一般由装订车间负责人依据实际损耗实物，交给印刷车间负责人申请补齐损耗，双方应做好交接签字。由于补齐损耗是一个印件生产的最后环节，所以补齐损耗在印刷车间应当优先安排生产。

有条件的生产车间可实行量化考核。对于实行量化考核的装订车间通常规定适当的生产加放，如胶订机加放量为同一批次印件总加放量不得超过2本（含），勒口机加放量为同一批次图书不得超过4本（含）；覆膜机加放量为同一规格封面不超过5张（含）；纸面压纹机加放量为同一规格封面不超过2张（含）等。加放量内的损耗视为生产正常损耗，超出加放量以外的损耗则列为生产责任问题。

印刷车间操作员接到补齐损耗的通知后，应当将补印好的印刷品交给装订车间负责人，并做好交接签字。

为了减少不必要的损耗，降低生产成本，生产设备在调试期间应当用替代品试机，待运行稳定后方可放入正品。同时，要求操作员在设备发生故障时应当立即停机并尽快排除故障，严禁机器带故障生产。

第三节　车间生产质量检查

生产环节各岗位均须自检，生产操作员在生产过程中还应对产品进行随机抽查，发现质量问题要及时停止操作，直到问题排除为止。在生产的最后环节，要求装订操作员自检后应在产品中放入对应自己编号的"检"字标，做到随时跟踪生产质量。各生产岗位自检可分为生产中自检和生产后自检。生产中自检主要是查看生产的稳定性，防止突发大批量质量问题，以减少损失。每个生产车间还必须进行最后环节的自检。在自检中，要求操作员对产品集中进行质量检查，对有问题的产品要及时进行返工处理，确保交到下一个环节的产品质量合格、数量准确。

为了保证产品质量，数字印刷全流程应配备、设立专门的质检员，负责在打包之前或交货之前对产品进行质量检查。质检员在打包运输之前，必须要对每一本书的印装情况进行质检，还要在质检合格产品的外包装上盖"检"字章予以确认。由于样书是批量生产前的参考样，所以样书的检查应特别注意，必须经质检员检查后方可发货。质检员应对每天的质检情况进行登记，对质量有问题的印件要注明处理方案以备查检。在流程交接过程中，质检员应当履行签字手续，对于流程中质量问题的认定以质检员签字认可为准。

在生产实践中，质检组长、质检员、各岗位的质检成员及相关质量问题责任人所组成的质检组，每月应对生产质量情况进行一次总结讲评，并对有质量问题的印件提出处理意见。

随着生产管理的逐步完善，质量检查也应采用量化考评办法，质检组长及质检员依据车间制订的质检量化考评标准进行质量检查和处理。比如，质检组依据质检量化考评标准进行奖惩，对本岗位未按要求操作发生的质量问题，操作员本人发现并解决的，只承担相应的生产损失，不作扣分处理；超出本岗位进入下一流程后发现的质量问题，如果在生产中造成非正常损耗，除了扣分处罚外，还应按实际生产损失处罚相关责任人。这样能够分清责任，也便于实际操作，减少人为因素对质量检查的干扰。数字印刷会接收大量生产数据，生产数据的管理对于企业形象及生产秩序的影响不容忽视，对于向无关人员泄露数据者，除承担相应的经济处罚外，视情节轻重还应当进行相应的处罚或处分。为了充分发挥全体员工落实生产质量的积极性，车间应当对生产质量损失及影响的大小分别予以不同的处罚，对后流程发现质量问题者予以奖励。

第四节　生产管理的量化考核

生产车间实行量化考核，将生产任务以量化计算方式落实到个人，实行按量化产值结算，有利于充分调动员工的生产积极性，鼓励多劳多得，减少人为因素对生产的干扰。

通常情况下，车间负责人无量化定额，其主要负责车间的管理工作及生产质量。根据车间生产性质不同，各车间负责人除了承担分配生产任务、控制生产质量、统计工作量、培训新人等职责外，具体分工也有区别。如印前车间负责人主要工作还包括：接受工单、看样书、发印数据的管理等；印刷车间负责人主要工作包括：组织机器保养、协调生产流程、处理加急印件等；装订车间负责人主要工作包括：各种装订设备的安全检查、生产损耗的反馈及补全、生产质量问题的认定等。

车间生产实行量化考核办法后，如果一项工作由两人或多人操作，那么积分通常按每个人的实际工作量分开统计；如果因操作员操作不当而造成的返工，积分只计一次，不累加。在实际操作过程中，操作员完成当月固定定额，即可发放完成定额奖，多余量化积分则按超产计算。对于有些技术支持岗位、数据管理岗位、生产统计岗位的人员，可参照量化考核办法，给予相应系数的定额，这样能够调动无法具体测算量化数值岗位人员的工作积极性。

实行量化考核时，每位员工下班前要将自己当天的工作量统计后交车间负责人核实，车间负责人核实无误后，签字确认，作为当月产量的考核依据。对于操作不当而重新返工的工作，只计算一次量化分值，实习期员工一般不参加定额考核。

根据每个车间生产的特点，在实行量化考核时，通常设定单元基准值。如：印前车间处理黑白页1页按1分计算；印刷车间以黑白印刷为参照，每印1000印A4纸单面按1分计算；装订车间每胶订1本图书按1分计算。各车间其他处理工作按照工作难易程度及操作时间作相应分值折算。

印前车间其他操作的量化分值参考如下：

（1）印前处理黑白页1页按1分计算，其他处理工作按照工作难易程度及操作时间作相应分值折算。

（2）处理彩插1页按4页黑白计算，计4分。

（3）处理无勒口的封面按2页彩页计算，计8分；处理有勒口的封面按3页彩页计算，计12分。

（4）扫描封面修图按处理200页黑白页计算，计200分；封面修改文字按2页彩页计算，计8分。

（5）处理1个可变数据按1分计算。

装订车间其他操作的量化分值参考表4-1装订车间生产量化考核表。

表4-1

装订方式	程序	分值	单位	装订方式	程序	分值	单位
胶订（骑马订）	分切	0.5	本	精装	分切	0.5	本
	分本	0.1	本		折页	0.2	手
	折页	0.2	手		锁线	0.2	手
	插页 替页	0.5	张		压平	0.1	本
	覆膜	0.5	本		刷胶	0.1	次
	压线	0.5	线		扒圆	5	本
	打钉	3	本		起脊	2	本
	胶订	1	本		贴背	5	本
	手工勒口	1	本		画线	5	张
	机器勒口	0.5	本		配书壳料	2	本
	打孔	2	本		制壳含压平	5	本
	上环压环	1	本		扫衬含压平	2	本
	大刀成品裁切	0.5	本		上壳压槽	5	本
	小刀成品裁切	1	本		牛皮纸打包（手工）	4.5	包

装订方式	程序	分值	单位	装订方式	程序	分值	单位
胶订（骑马订）	三面刀切	0.5	本	精装	牛皮纸打包（机器）	2	包
	加腰封含勒口	1	本		贴防伪标	0.5	本
	塑封	2	包		公报胶订	2	本
	卡片、名片	3	盒		骑马订	0.5	本
旧书拆装	校对页码	2	本	旧书复原	校对页码	2	本
	拆封面	1	本		胶订	2	本
	起钉	4	本		裁胶	1	本
	拆线	5	本		锯口	4	本
	裁切	1	本		扒圆	2	本
	撕书页	4	本		埋线	2	本
	打捆	0.5	本/捆		刷胶定型	2	本
					贴背	5	本
					上壳压槽	5	本
					切环衬	1	本
其他	换大刀	50	次	其他	小包入库（含上架）	1	包
	换小刀	20	次		烫金	待定	张
	三面刀换刀	10	把		压纹	0.5	张
	勒口机换刀	10	次		卸纸	50	件
	切纸	20	包/令				

第五节　生产质量的量化考核

为了提高产品质量，生产车间应当建立完备的质量检查及考核方案，根据生产实际情况，质量考核可分为：定性考核、定量考核、定性与定量相结合考核。对生产管理岗位以定性考核为主，对统计及质检岗位可按定性与定量相结合方式考核，对操作岗位则采用定量考核方式。定量考核通过对生产中的各种质量问题依据损失的大小及影响，设定相应的分值，生产流程中的所有员工均为考核对象。实行生产量化考核方式，能够提高全体员工对生产质量的重视程度；作为生产管理者，当遇到生产质量问题时，也能够规避比较棘手的处理决定，用制度规范生产。具体车间生产质量量化考核表如表4-2所示。

表4-2

序号	岗位	质检要求	扣分	备注
1	生产调度	质量不合格产品进入装订车间且已投入生产	3	
2		延误生产，无故不按工单要求时间交活	3	
3		生产统计不准确，多项、漏项或计算错误	3	每工单

序号	岗位	质检要求	扣分	备注
4		延误生产，无故不按工单要求时间交活	3	
5		未经批准向其他人员泄露印制数据	12	
6		未经批准发印境外图书或其他印件	4	
7		用错生产数据	3	
8		数据丢失或损坏	3	
9	印前	未认真检查接收的文件质量（包括版序、色彩、字体、像素、尺寸、有无出血、封面和版权页有无错别字、白页是否正常、奇偶页序等），对有问题的文件未及时与业务员或客户沟通，并按要求修改	2	
10		未检查印件流程单填写是否正确，有无缺项、漏项等	1	
11		版面设计不符合印刷及装订要求	3	
12		印件流程单内容填写尽可能详细完整，"印件名称"填写不可缩略	1	
13		延误生产，无故不按工单要求时间交活	3	
14		用错印刷数据	3	
15	黑白印刷	操作员未按要求定期维护保养机器设备，未做维护保养登记	1	
16		用纸规格、纸张裁切数量和尺寸与生产实际用纸不符	3	

序号	岗位	质检要求	扣分	备注
17	黑白印刷	操作员收到文件后，未先出样书或样页。未检查正背是否套准、墨迹是否清晰、有无掉墨现象、单双面打印是否正确、正文用纸是否出现褶皱、有无丢页、重页或空白页、有无页码错乱、有无跑版等现象。如果文件有问题，未及时纠正并向印前反馈。业务员确认样书或样页后未签字确认	3	
18		在大批量印刷时，操作员未随时随机抽查印刷品质量	3	
19	彩色印刷	延误生产，无故不按工单要求时间交活	3	
20		用错印刷数据	3	
21		印刷未出具印件流程单	6	
22		操作员未按要求定期维护保养机器设备，未做维护保养登记	1	
23		用纸规格、纸张裁切数量和尺寸与生产实际用纸不符	3	
24		未及时校色或纸张加放超出规定要求	3	

序号	岗位	质检要求	扣分	备注
25	彩色印刷	操作员收到文件后，未先出样书或样页。未检查正背是否套准、墨迹是否清晰、有无掉墨现象、单双面打印是否正确、正文用纸是否出现褶皱、有无丢页、重页或空白页、有无页码错乱、有无跑版等现象。如果文件有问题，未及时纠正并向印前反馈。业务员确认样书或样页后未签字确认	3	
26		彩色印刷标准样张未经业务员签字（或业务员指定别人代签）确认。没有业务员认可签字，操作员不能大批量印刷	2	
27		在大批量印刷时，操作员未随时随机抽查印刷品，未对不合格产品按要求进行处理	3	
28	装订及其他	裁切尺寸不准确或未按要求覆膜	3	
29		装订时正文和封面未搭配正确，未做到外表洁净、无明显刀花、上胶均匀、无气泡、正文无掉页现象、书脊无褶皱、书脊字居中、无挂胶、无订反现象	3	
30		封面与书芯倒装或装订方式不正确	3	
31		根据书的厚度，未合理选用长钉或短钉	1	
32		订位不准确，钉锯外钉眼距书芯长未在上下各1/4处	1	
33		折页时页码顺序错误，折页断裂	2	
34		锁线线头外露，有明显掉线现象	1	
35		封面书脊字迹未居中，飘口过大或过小（应大于正文尺寸3mm）	2	

序号	岗位	质检要求	扣分	备注
36		封面装订歪斜，用胶过多或过少，封面不牢固，有脱落现象	3	
37		覆膜、压纹或塑封后封面有纸屑、黏胶或有其他空白及杂物	2	
38		扒圆书脊圆弧所对的圆心角超出规定角度，应为90°~135°之间	1	
39		书芯扒圆后吡裂、皱折、不牢固、不平整	2	
40		扒圆后的书芯圆势不一致、有歪斜或一端大一端小现象，圆弧有阶梯现象，切口边上下四角不垂直，压槽不牢固	2	
41	装订及其他	手工砸脊有砸裂、砸皱现象，砸完的书背不挺括、不结实	2	
42		裁切后未按要求自检，产品中未放入"检"字标	1	
43		裁切有切歪切斜现象，漏血现象比较明显	3	
44		未按要求数量或高度打入库小包	3	
45		打包贴错标签	6	
46		旧书复元张冠李戴，书脊涂胶不均匀，书芯与封面结合歪斜、漏胶现象明显、掉页、错页	3	
47		无特殊原因未按时将当天任务交下一流程	2	
48		产品未经质检就打包运输	3	
49		样书瑕疵，被退回	3	
50		装订图书、图书打包、发货张冠李戴	3	
51		延误生产，无故不按工单要求时间交活	3	
52		未列举的其他质量问题，参照类似情况处理		

第六节　各岗位职责及操作规程

流程化的生产要求有明确的岗位职责及操作规程要求，这样车间管理才能够做到有条不紊，忙而不乱。生产车间的岗位有很多种，主要分为两大类：管理岗位和操作岗位。

管理岗位主要包括：生产调度、质检、统计、各车间负责人等，其中生产调度岗位及质检岗位具有至关重要的作用，其岗位职责可概括为以下几点。

（1）协助生产负责人协调各车间生产进度，督促各车间负责人完成生产任务。

（2）随时处理生产中发生的各种问题，督促各车间按时交货，负责检查生产质量和处理各种问题，对全流程生产质量进行跟踪和把关。

（3）依据印件情况，合理安排各车间生产。印件紧急程度分为加急、急、一般三个档次。加急件包括样书、当天收到数据当天要求完成的印件；急件包括业务员新开发的客户印件、收到数据第二天要求完成的印件；一般件包括三天或三天以后要求完成的印件。

（4）落实绩效考核、质量管理、耗材使用坚持量化管理制度，坚持用制度管理生产，落实安全生产责任制，做到设备落实到人、生产落实到人、质量落实到人。

（5）车间管理应加强每日检查，做到设备运转稳定、印刷质量可靠、物品摆放有序、设备表面无灰尘、地面无杂物和油污。

（6）督促各车间落实各项规章制度。主持每日生产例会，检查人员到岗到位情况，安排当日生产任务，协调处理各车间之间生产情况，跟踪流程单并督促各车间完成当天生产任务。

（7）统计当月生产完成情况，并以此为依据拟订本部门员工当月绩效，奖励生产效益突出的个人。每月主持召开生产质检会，依据质量量化考评标准，对有问题的产品质量提出处罚意见并进行内部通报。

（8）检查指导生产统计员的工作，做到生产成本支出不多项、不漏项、不错项。

（9）检查生产耗材的使用情况，根据生产需要拟定采购计划，安排物资采购员集中采购，常用耗材做到集中采购。

（10）加强对生产设备的检查和维护，协调设备供应商及时排除机器故障，做到不影响生产。

（11）负责对实习期、试用期新员工进行培训和考核。培训期间应指定专人指导。

各岗位的职责主要包括：生产统计员岗位职责、质检员岗位职责、印前操作员岗位职责、印刷车间负责人岗位职责、装订车间负责人岗位职责。

设备操作规程主要包括：数字印刷机操作规程、胶订机操作规程、裁纸机操作规程、切书机操作规程、三面切书机操作规程、书封勒口机操作规程、覆膜机操作规程等。

生产车间通过制订各种规程以规范员工操作，能够减少事故和浪费，提高生产效率。

印前车间负责人岗位职责主要概括为：对本车间的生产进度和生产质量负责，保证每天按时交货，不得集压；督促员工按时保质保量完成生产任务，做到当天的数据当天交到印刷车间，并通知到印刷车间负责人或操作员；检查本车间每位操作员的生产质量，并负责给每位操作员分配生产任务；负责对本车间员工的业务培训和技术指导。

为了保证正常的生产秩序，印前车间一般不能直接对外承接业务。印前车间的操作规程主要包括：

（1）每位操作员受领生产任务后首先要做自检，自检内容包括：

①封面、正文色彩、正文及封面版式与客户提供的样书要求是否一致，如不一致应及时反馈。

②封面、版权页文字（书名、书号、定价、版次、印次、印刷厂名）、版序及书号等是否与生产工单一致。

③封面或正文像素及尺寸大小是否符合印刷要求。

④扉页字迹是否清晰。

⑤正背页面是否套准（以页码套准为依据）。

⑥检查正文是否缺少链接图及缺字、造字问题。

⑦正文和封面的排版设计是否符合裁切要求。

⑧正文版式是否一致。

（2）当天接到的数据当天要处理完，如发现数据有问题要及时沟通，尽可能在当天解决。生产流程单应按要求填写，内容详细，不得出现疏漏。

（3）生产数据妥善保管，不得丢失，定期向服务器上传数据。未经领导批准签字，任何人不得向他人提供生产数据。

（4）印前接到客户提供的样书和数据及《生产工单》进行重印时，除特别注明看印刷样书外，正常情况下，应由印前操作员比对原样书和印刷样书，没有问题可直接通知车间批量印刷，如有问题必须及时向相关业务员反馈，确认无误后方可通知车间批量印刷。

（5）印前如发现印件有质量问题，应及时通知相关业务员；如果该业务员看后确认不改，印前应在生产日志备注中注明，事后由该业务员签字确认。

（6）封面打样由彩机操作员主动送到印前确认，印前确认内容无误、质量在设备印刷所能达到的范围内后再签字确认。打样封面由印前交业务员核对，业务员确认无误后在封面样张上注明"同意印刷"并签名，签字的封面样张交由彩机车间保管备查并依此追样印刷，彩机车间保管一年后再集中销毁。对于生产中所有印件，印刷车间只能接到印前操作员的通知并签字后方可批量印刷。

（7）生产任务的交接均以双方的签字为准，电话交接或口头交接均视为无效交接。

印刷车间负责人主要的岗位职责可以概括为：对本车间的生产安全、生产质量和生产进度负责；保证按时交货，不得积压，做到当天的任务当天交到装订车间；实行生产和安全岗位责任制，车间负责人为第一安全责任人，对本车间的安全、人员、生产、管理负全责；车间对生产和质量实行量化考核，车间负责人每日要检查人员考勤、生产进度、生产质量，并依据生产进度及时调整人员岗位。

数码印刷机包括黑白印刷机和彩色印刷机，为了更全面地了解和掌握设备性能，通常每台设备指定专人负责保养和维护。印刷车间的操作规程主要包括以下内容：

（1）全包服务工程师在维修保养机器期间，设备操作员必须在场，以便了解机器故障原因。

（2）车间内每日都要保持清洁卫生，按操作要求开启抽湿机、加湿器及空调，保持机器正常运转所需要的湿度和温度。

（3）设备运行期间严禁人机分离。操作人员要时刻注意机器各部位的运转情况，发现异响或其他问题要立即停机处理，本人处理不了时应立即报告，协调设备工程师上门维修。操作员若离开机器，必须指定其他人照看机器，随时处理机器运转过程中发生的各种意外情况。机器印刷过程中要随时抽查印件质量，发现问题要及时停机处理，严禁在操作机器过程中戴耳机听音乐或做与工作无关的事项。

（4）不得私自拆除或关闭印刷机安全机构及传感器。

（5）设备进纸盒内不得同时存放两种不同类型的纸张。业务员或客户提供的自带纸应妥善保管，并做好标识。保管半年后如需处理，由生产调度联系业务员，双方协商提出处理方案。印刷机操作员不得私自处理业务员提供的自带纸。

（6）印刷用纸须填写《裁切纸张申请单》，注明工单号、纸张克重、裁切令数、纸张尺寸、纸型、申请人姓名、申请日期、裁切员姓名、完成日期、特别说明等内容，交装订车间作为裁纸依据。《裁切纸张申请单》样式如表4-3。

表4-3

生产工单号		裁切令数	
纸张克重		纸张尺寸	
纸型 （在相应选项后打"√"）	胶版纸（　　）、轻型纸（　　）、黄胶纸（　　） 纯质纸（　　）、特种纸（　　）、铜版纸（光、亚光）		
申请人姓名		申请日期	
裁切员姓名		完成日期	
说明			

印刷车间留存，黏贴于裁切成品纸第一页。

（7）每个切纸成品台上不同规格和克重的印刷用纸要分开放置，每种纸第一页应当黏贴《裁切纸张申请单》。不同类型的纸张严禁重叠放置。超过两天不用的纸，应当用保鲜膜封好做好防潮处理。印刷用纸坚持用多少裁多少，严禁浪费。

（8）废弃印刷耗材应集中存放在指定位置，不得在车间内随意摆放，印刷机维修器材应由专人保管。

（9）操作员应凭印前开具的《印件流程单》生产，无《印件流程单》不得私自印刷。

（10）彩机车间应坚持每天校色。生产中发现彩色数码印刷机色彩偏离要及时调色，确保印刷颜色与原文档尽可能保持一致。印制过程中如发现问题要及时停机处理，降低废品率。

（11）封面打样由彩机操作员主动送到印前确认，印前确认内容无误、质量在设备印刷所能达到的范围后再签字确认，由印前交业务员核对，业务员确认后在样张上注明"同意印刷"并签名，签字的封面样张交由彩机车间负责保管备查并依此追样印刷，彩机车间保管一年后集中销毁。所有印件只能接到印前操作员的通知并签字彩机车间方可批量印刷。

（12）车间交接班时，交接双方应当将交接内容在交接班登记本记录并签字。

装订车间负责人的主要岗位职责是：对本车间的生产安全、生产质量和生产进度负责；保证按时交货，生产不得积压；实行生产和安全岗位责任制，车间负责人为第一安全责任人，车间对生产和质量实行量化考核；每日要检查人员考勤、生产进度、生产质量，并依据生产进度，及时调整人员岗位；核对本车间员工当天产量，并以此为依据核算当月产能，并制定超产报表交生产调度核准；组织员工开展岗位学习，培训新员工尽快熟悉操作，安排员工轮岗交流以胜任更多的操作岗位；要求车间内机器及物品按秩序摆放，每日检查车间内的安全生产情况，确保设备运转正常；督促检查员工在生产中安全操作，发现安全隐患及时报告并尽快排除。

由于装订车间生产设备比较多，生产工艺比较繁杂，车间操作规程主要按车间设备分别制订，下面仅以装订车间常用的两种设备胶订机和切纸机为例，分别介绍生产操作规程。

1.胶订机操作规程

（1）操作人员生产时应穿工作服，操作胶订机期间不得戴手表及其他饰物。

（2）胶订机通电后，不得用手或其他物品接触铣刀、胶池及运动部分，不得用手或其他物品接触胶装机装订轨道，避免烫伤。

（3）操作人员要时刻注意机器各部位的运转情况，发现异响或异味及其他问题要立即停机处理。

（4）取出书本后不得立即翻开书的内页，应等到背胶冷却方可检查胶订质量。

（5）不得私自拆除或关闭胶订机安全机构及各传感器。

（6）机台负责人要定期清理铣刀及除尘袋，清理夹板台上、封面夹板处、胶槽外其他部分黏上的胶。

（7）添加胶时，要安全操作，添加数量不可过多。

（8）操作机器时，其他人员不准在机器周围嬉笑、打闹或大声喧哗。

（9）操作中随时检查胶订质量，发现有滋胶、上胶不匀、开胶等情况，应立刻停止后续图书的装订，并及时通知车间负责人。

2.切纸机操作规程

切纸机在操作之前，应做好以下各项准备工作：一是穿好工作服，束紧袖口，禁止留长发、穿拖鞋、戴手表或其他饰物操作机器；二是开机前要清洁机身，机器周围不得乱放工具或其他杂物，周围场地要清理干净；三是开机前要做好检查，发现刀口不锋利时要及时换刀；四是检查工单中数量、尺寸是否与实物相吻合。以上各项准备工作做好后，在操作过程中应当注意以下六点。

（1）在上纸过程中，尽量轻抬轻放，不要过于用力推撞。

（2）在切纸过程中，发现破纸要及时拿出。

（3）开机后如有意外情况发生，或有不正常的响声和卡住等现象时，必须立即停机检查原因。

（4）注意压纸器对裁切物的压力，以防裁切后裁切物上有压痕或出现爆花现象。

（5）检查检修设备，裁切后要对成品进行核查，裁切成品精度控制在1毫米以内。

（6）裁切完的成品要填写《裁切纸张申请单》并签字，由裁切员贴在成品第一页上，注明裁切员姓名和裁切日期。

切纸机在生产过程中，尤其强调操作员要注意安全，应注意以下几点。

（1）换刀时，刀的方向不要对着操作者的方向，以免伤人。

（2）割包装纸时，必须注意不要把刀片乱丢乱放，以免伤人。

（3）严禁双人或多人同时操作机器。

（4）严禁操作过程中手随意伸到压纸器，以免夹手。换刀时只能在断电停机状态下手动旋转进行换刀。

（5）开机前，必须注意周围环境，检查是否有人在对机器进行其他操作。

（6）工作时，工作台上不允许放置任何不相干的物品。

（7）机器运转中严禁把手伸进裁切刀的后部，即使停机情况下，严禁手在刀下进行换刀、调整等操作。

（8）裁切前应认真检查纸中有无订书钉、曲别针等硬物，以免损伤刀具。

装订车间内各种设备较多，其他设备的操作规程就不再一一列举。由于装订车间人员流动性相对较大，为保证安全和生产质量，新员工上岗或其他员工轮岗前必须在熟练操作员的指导下进行培训，熟悉操作规程，经考核合格后方可独立操作设备。

第五章　数字印刷机操作实例

　　加强数字印刷车间的管理是提高效率、保证质量、减少浪费的前提。数字印刷机对温度、湿度及粉尘等生产环境要求较高，为了保证机器正常运行，车间应安装自动化的温、湿度控制设备，实时显示车间的生产环境。数字印刷机操作员还应坚持每天对机器内部进行除尘、去除纸屑等一系列维护保养，以降低机器故障率。下面以奥西6250数字印刷机为例，介绍数字印刷的打印操作。

第一节　打印作业

一、打印作业的方式

奥西6250数字印刷机打印作业的发送通常有以下五种方式。

- 数字印刷机驱动程序

- PRISMAprepare

- 从USB驱动器中

- 从热文件夹中

- 通过数字印刷机协议

根据工作流程设置，打印作业将出现在以下两个目标位置之一：一是"等待作业"列表；二是"计划的作业"列表。"打印的作业"列表可以临时存储作业。在"计划"视图中，操作员可以计划日常的打印工作。在"作业"视图中，操作员可以管理不同队列中的打印作业。打印作业视图如图5-1所示。

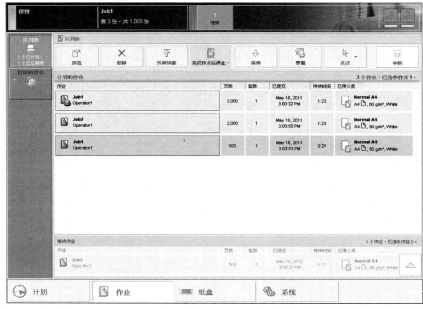

图 5-1

1. 使用数字印刷机驱动程序打印作业

数字印刷机驱动程序可通过两种渠道获得：一是通过 PRISMA-sync 控制器上的 Settings Editor；二是从数字印刷机制造商网站中，获得方式如下：

● 从应用程序的"文件"菜单中，单击"打印"。

● 在"打印"对话框的"数字印刷机"区域中选择 Océ Vario-Print® 6000+Line。

● 单击"属性"。

● 定义所需的设置。

● 单击"确定"。

● 单击"确定"。

数字印刷机驱动程序参考奥西6250数字印刷机驱动程序具有下列功能（表5-1）。

表5-1　奥西6250数字印刷机驱动程序

功能	说明
设置	操作员可以定义大量版面、纸张、装订和图像设置
模板	如果要多次使用某些数字印刷机驱动程序设置，操作员可以创建一个模板。模板是描述打印作业的一组默认设置，操作员无需更改每个单独的设置，只需选择一个模板以满足操作员的需求
安全打印	操作员可以为作业添加PIN以防止他人未经授权打印作业

2. 使用Océ PRISMAprepare（optional）打印作业

Océ PRISMAprepare允许操作员在页面级别充分准备打印作业，操作员还可预览每页结果，Océ PRISMAprepare是一个可选应用程序，具体操作方式如下（图5-2）。

• 准备文档

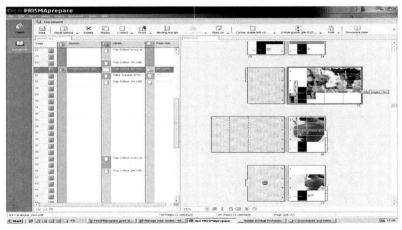

图5-2

● 使用介质目录定义介质。

使用 Océ PRISMAprepare，操作员可将介质目录导出到 Océ PRISMAsync 控制器（属于 Océ黑白和彩色系统）（图5-3）。

图5-3

● 定义所需的装订选项。

根据实际需要定义即可。

3. 打印 USB 驱动器中的文件

操作员可以打印 USB 驱动器上的文档（*.pdf、*.ps），方式如下：

● 将USB驱动器插入到操作面板左侧的USB端口 中。

● 按[作业]→[USB]。

- 按▷以浏览 USB 驱动器上的目录。

- 按一个或多个要打印的文件，或按[选择]以选择多个文件。

- 按[打印]以立即将文件发送到[计划的作业]列表，或者

- 按[保存]以将文件副本保存到数字印刷机上的其他位置，如[等待作业]列表。然后，操作员可以从该位置中编辑并打印文件。可以选择的位置取决于系统配置。

- 按▲以弹出 USB 驱动器。

- 在显示[USB 驱动器已成功弹出]消息时，将 USB 驱动器从操作面板中取出。

4. 从热文件夹中打印文件

从技术上来说，热文件夹是工作站上的映射网络驱动器，链接到 PRISMAsync 控制器上的共享文件夹。对于操作员，热文件夹是用于放置可打印文件以供打印的工作站上的一个文件夹。热文件夹主要针对重复的 PDF 工作流程，主要特点是发印速度快。在这些工作流程中，将定期打印具有相同设置的相同 PDF 或其他可打印文件。操作员不得将热文件夹与打印作业传票组合使用。

要使用热文件夹功能，首先必须完成下列步骤：

- 在 Settings Editor 中，系统管理员必须激活热文件夹功能。

- 在 Settings Editor 中，系统管理员必须创建一个热文件夹并将该热文件夹链接到自动化工作流程中。

- 在工作站上，主操作员必须创建一个链接到该热文件夹的共享网络驱动器。

在该工作站的桌面上，如果需要，主操作员可以创建一个指向该热文件夹的快捷方式。在出厂默认情况下，禁用热文件夹功能。要使用热文件夹功能，系统管理员必须激活此功能一次。对于此过程，需要输入系统管理员密码。

激活热文件夹功能操作如下：

• 打开 Web 浏览器并输入操作员的 PRISMAsync 控制器的主机名或 IP 地址。

• 转到[工作流程] → [热文件夹]部分。

• 单击[配置]。

• 对于[已启用]选项，选择[是]以激活热文件夹功能。

• 输入惟一的[用户名]和[密码]。确保在继续执行下一步前填写了用户名和密码。

• 单击[确定]以确认激活了热文件夹功能。将打开一个确认窗口。

• 单击[确定]以立即重新启动控制器。

热文件夹激活之后，主操作员方可创建热文件夹。对于此过程，需要输入系统管理员密码。

创建热文件夹操作如下：

• 打开 Web 浏览器并输入操作员的 PRISMAsync 控制器的主机名或 IP 地址。

• 转到[工作流程]→[热文件夹]。

• 单击[添加]。

● 为热文件夹提供一个逻辑名称。逻辑名称可帮助操作员识别要使用此热文件夹处理的作业的类型。

● 选择要将热文件夹链接到的自动化工作流程。

● 单击[确定]。

二、打印作业设置说明

通过使用[属性]按钮，操作员可以查看和部分更改[等待作业]及[计划的作业]队列中的作业设置，但无法更改活动作业的设置。操作员可以为[等待作业]和[计划的作业]列表中的作业部分定义以下设置：

● 输出的特征。

● 适用于整个作业的常规设置。

如图5-4所示：

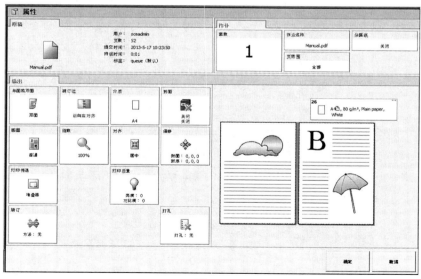

图5-4

"属性"设置说明如表5-2:

表5-2

窗格	说明
原稿	[原稿]窗格显示作业的信息
输出	[输出]窗格显示可以为整个作业定义的常规设置
作业	[作业]窗格显示可以为作业定义的设置
预览	预览显示出操作员为输出定义的设置。另外，还可通过此窗
操作按钮	操作按钮指示出可执行的操作

"输出"设置说明如表5-3:

表5-3

设置	值	说明
[单面或双面]	[单面]	输出稿的一面包含图像
	[双面]	输出稿的两面都包含图像
装订边	[纵向左对齐]	输出稿具有垂直格式（高度>宽度）
		装订边位于左侧
		将纸张翻转过装订边时，图像处于可读取形式
	[纵向顶对齐]	原稿装订边位于顶部
		将纸张翻转过装订边时，纸张背面上的图像处于可读取形式。这意味着双面原稿的每个背面与正面是相互颠倒的
	[横向左对齐]	输出稿具有水平格式（宽度＞高度）
		原稿的装订边位于左侧
		将纸张翻转过装订边时，文本或图像处于可读取形式

续表

设置	值	说明
装订边	[横向顶对齐]	输出稿具有水平格式（宽度 > 高度）
		原稿装订边位于顶部
		将纸张翻转过装订边时，纸张背面上的图像处于可读取形式。这意味着双面原稿的每个背面与正面是相互颠倒的
介质	介质目录中的介质名称	操作员可以在此处查看作业的介质。列表显示介质目录中的所有可用介质，包括临时介质。介质目录是一个介质列表，操作员可以在Settings Editor中定义这些介质
[版面]	[普通]	数字印刷机打印没有特殊版面设置的页面
	[小册子]	数字印刷机按小册子顺序打印页面，将第1页和第4页打印在纸张的正面，将第2页和第3页打印在纸张的背面
	[同页双印]	数字印刷机多次打印同一幅图像，打印的图像彼此相邻。默认情况下，系统保留原稿的尺寸。例如，在使用[同页双印]设置打印A4原稿并且[每页图像数]为2时，打印机将自动在A3纸上打印作业。如果将A3纸一分为二，将得到2份相同的A4文档。要将A4原稿缩小为A5打印稿，可以使用缩放功能或选择另一种介质类型
	[多页并印]	数字印刷机在纸张的一面上连续打印多幅图像，这些图像彼此相邻
	[每页图像数]	在此处，操作员可以选择在选择[同页双印]和[同页双印翻转]时打印的图像数

设置	值	说明
[缩放]	[适合页面]	操作员可为输出稿选择不同于原稿的介质尺寸。如果启用了[适合页面]设置，系统将缩放原稿，以使图像适合选定的输出稿介质尺寸
	[百分比]	使用此设置，可手动在25%～400%的范围内更改缩放比例
[对齐]	[左上]	纸张上的图像可能较输出的介质尺寸要小，例如，将图像缩小到原稿尺寸的70%。使用[对齐]设置，可指示出纸张上图像的位置。[左上]将图像移动到纸张的左上角
	[上中]	[上中]将图像移动到纸张顶部的中心
	[右上]	[右上]将图像移动到纸张的右上角
	[左中]	[左中]将图像移动到纸张左侧的中心
	[居中]	[居中]将图像移动到纸张的中心
	[右中]	[右中]将图像移动到纸张右侧的中心
	[左下]	[左下]将图像移动到纸张的左下角
	[中下]	[中下]将图像移动到纸张底部的中心
	[右下]	[右下]将图像移动到纸张的右下角
[偏移]	[页边距偏移]	使用此设置可增加或减少页边距。默认情况下，正面和背面的值是连接的。这意味着正面和背面的值相同。如果要为每个面定义不同的值，请按解锁图标将设置更改为已解锁状态。这样，操作员可以分别为正面和背面定义值

续表

设置	值	说明
[偏移]	[图像偏移]	使用此设置可以水平或垂直移动图像。默认情况下，正面和背面的值是连结的。这意味着正面和背面的值相同。如果要为每个面定义不同的值，请按解锁图标将设置更改为已解锁状态。这样，操作员可以分别为正面和背面定义值
[打印传送]	[输出位置]	选择打印作业的输出位置。根据打印作业的设置，数字印刷机自动为作业建议首选的输出位置但是，操作员可手动覆盖此建议
	[排序]	[按页]输出稿按页排序
		[按套]输出稿按套排序
	[偏移堆叠]	[每套]到达输出位置的每套将相对于上一套发生偏移。只有在工作流程配置文件偏移堆叠设置为[套数（使用作业设置）]时，此设置才适用
		[关闭]到达输出位置的所有套或作业都按顺序堆叠在一个堆中
	[高级设置]→ [纸张顺序]	[正面向上]正面朝上传送打印稿，第一页在上面
		[正面向上朝前] 正面朝上传送打印稿，最后一页在上面
		[正面向下]正面朝下传送打印稿，第一页在上面
		[正面向下朝前]正面朝下传送打印稿，最后一页在上面

续表

设置	值	说明
[打印传送]	[高级设置]→ [纸张方向]	[页眉向上 LEF] 保持标题端朝里，按纵向位置（垂直）传送打印稿
		[页眉向上 SEF] 保持标题端朝里，按横向位置（水平）传送打印稿
		[页眉向下 LEF] 保持标题端朝外，按纵向位置（垂直）传送打印稿
		[页眉向下 SEF] 保持标题端朝外，按横向位置（水平）传送打印稿
	[高级设置]→ [打印顺序]	[封面/封底] 将封面放在正面，封底放在背面
		[封底/封面] 将封面放在背面，封底放在正面
	[高级设置]→ [旋转]	[0°]打印稿不旋转
		[180°]将打印稿旋转 180°

整个作业的设置操作如表5-4：

表5-4

设置	值	说明
[作业名称]		显示打印作业的作业名称。操作员可以更改打印作业的作业名称
[套数]		使用此设置可定义复印稿数，操作员可以输入一个1~65000的值。默认值为1

续表

设置	值	说明
[页范围]		显示要打印的页面。如果选择[全部]，则会打印作业的所有页面。在按[页范围]按钮后，将会显示一个键盘。操作员可以定义要打印的页面范围
[分隔纸]	[打开]	如果启用了分隔纸设置，则会在每套作业之前自动插入一张分隔纸以明确区分两套作业。分隔纸始终是空白的。在Settings Ed-itor中，操作员可以从介质目录中选择一个介质以作为分隔纸。也可以在其中指示分隔纸的进纸方向（长边进纸或短边进纸）
	[关闭]	不会在每套作业之前插入分隔纸

三、停止数字印刷机

操作员可以使用两种方法停止数字印刷机。一是手动，使用停止按钮⬇或[完成作业后停止。]按钮停止数字印刷机。二是自动，在工作流程设置中定义相应的设置。

手动停止数字印刷机操作方法如表5-5。

表5-5

停止时机	操作方法	说明
完成一套后	按停止按钮 ⦿1x	在完成当前打印的一套活动打印作业时，数字印刷机将停止
		仪表板显示[继续]按钮，垂直条为绿色，并显示消息[此套完成后停止……]
		在完成该套作业时，绿色垂直条将变为红色并显示消息[保持]
		按[继续]按钮可继续打印
		数字印刷机何时停止取决于该套作业大小以及按停止按钮⦿的时间。例如，如果是一套1000页的大作业，并在第一页后按停止按钮⦿，则会继续打印一两分钟
尽快	按停止按钮 ⦿2x	在数字印刷机缓冲区清空时，数字印刷机将停止（尽快）
		仪表板显示[继续]按钮，垂直条为红色，并且显示消息[尽快停止……]
		在数字印刷机缓冲区清空时，将显示消息[保持]
		按[继续]按钮可继续打印
完成作业后	按[完成作业后停止]按钮	在[作业]→[队列数]→[计划的作业]中，操作员必须选择在完成哪项作业后才应停止数字印刷机。然后按[完成作业后停止]按钮
		红白色水平停止条表示已激活"完成作业后停止"功能
		在完成停止条前面的最后一个作业时，数字印刷机将停止
		按[继续]按钮可继续打印
		在将活动[完成作业后停止]中的[确认作业开始]设置设为[工作流程设置]时，无法使用[打开]按钮。以后，在每个作业完成后，数字印刷机将自动停止

续表

停止时机	操作方法	说明
备注		在打印流式作业或一大套作业时，必须按停止按钮 ▼2x，以尽快停止数字印刷机

自动停止设置说明如表5-6。

表5-6

动作	结果
[工作流程设置]中的[检查第一套]设置为[打开]，并且还在作业中启用了[检查第一套]设置	每次完成第一套打印作业时，数字印刷机将停止。可以先检查第一套作业，然后再继续打印作业
[工作流程设置]中的[确认作业开始]设置为[打开]	每次启动新的作业时，数字印刷机将停止。必须手动开始每个作业

四、删除打印作业

操作员可以从以下位置中删除作业：一是[打印的作业]列表（如果在 Settings Editor 中启用了此功能）；二是[计划的作业]列表；三是[等待作业]列表。

选择要删除的一个或多个作业的操作方法如表5-7。

表 5-7

要删除的内容	操作方法
一个或多个单独的作业	转至以上所述的正确位置，然后逐个点按各作业
所有作业	转至正确位置，然后按 [选择] → [全部]
[使用可用介质的作业]	转至正确位置，然后按 [选择] → [使用可用介质的作业]
[使用标签的作业]	转至正确位置，然后按 [选择] → [使用标签的作业]

对于[打印的作业]列表，操作员可在 Settings Editor 中指明必须在指定时间自动清除该列表。出厂默认设置 1 天。此外，在 Settings Editor 中，操作员可手动清除[打印的作业][计划的作业]和[等待作业]列表中的作业。

删除作业的操作步骤如下：

（1）转至下列位置之一。

●按[作业]→[队列数]如果折叠，首先按展开键以展开[计划的作业]或[等待作业]列表。

●按[作业]→[打印的作业]。

（2）选择将要删除的作业。

（3）按[删除]，将会出现一条消息。

（4）当操作员确认要删除选定作业时，按[是]。

五、立即打印紧急作业

必须紧急打印一个作业时，操作员可为该打印作业指定比所有其他打印作业更高的优先级。使用[立即打印]按钮，可立即打印作业。当操作员使用[立即打印]按钮时，一旦当前套就绪，活动打印作业 将被暂停。若要尽快但非立即打印一个作业，可使用[转到顶部]功能。

[立即打印]按钮位于[计划的作业]视图中。操作员要为[等待作业]列表中的一个作业指定优先级，必须首先按[打印]以将该作业发送到[计划的作业]列表。操作员可在其中选择作业并按[立即打印]。要为[打印的作业]列表中的作业指定优先级，必须首先重新打印该作业。该作业将被发送到[等待作业]列表。在此处，必须将作业发送到[计划的作业]列表。操作员可在其中选择作业并按[立即打印]。

如果优先打印作业与活动打印作业具有相同的输出位置，则优先打印作业将位于活动作业的最后已打印套的顶端。

立即打印紧急作业的操作方法如下：

- 按[作业]→[队列数]。

- 如果折叠，请先按展开键以展开[计划的作业]列表。

- 按要立即打印的作业。

- 按[立即打印]。将在[计划的作业]列表顶部显示紧急作业。

- 只要当前的一套作业准备就绪，就会暂停活动打印作业 ，该作业将变为列表中的第二个作业。

六、为打印作业指定优先级

当操作员希望尽快打印作业而非必须立即打印作业时，必须使用[转到顶部]功能。[转到顶部]功能可将选定作业移动到[计划的作业]列表中的第二个位置，即活动作业 的下方。该作业将活动打印作业 。

为打印作业指定优先级的操作方法如下：

（1）按[作业]→[队列数]。

（2）如果折叠，首先按展开键以展开[计划的作业]列表。

（3）按要为其指定优先级的作业。

（4）按[转到顶部]。

七、以后打印计划作业

出于各种原因，操作员可能决定以后再打印作业。如数字印刷机所需的纸张已用完，或者操作员需要先制作校样，则必须将作业移回到[等待作业]列表。要选择活动打印作业 ，操作员必须先按停止按钮 2x 以停止该作业。

以后打印计划作业操作方法如下：

（1）按[作业]→[队列数]。

（2）如果折叠，请先按展开键以展开[计划的作业]列表。

（3）按一个或多个要以后打印的作业，或使用[选择]按钮进行选择。要撤消选择的多个作业而仅选择一个作业，则必须按该作业2秒钟。

（4）按[移动]，该作业将移到[等待作业]列表。

八、重新打印作业

只有在启用了Settings Editor[打印的作业]部分中的[已启用操作面板上的"已打印作业"部分]设置时，才能适用重新打印作业。操作员如果要重新打印作业，务必先将所选的作业复制到[等待作业]列表。操作员无法更改[打印的作业]列表中的作业设置，只有在[等待作业]列表为空时，才能执行此操作，无法重新打印流式作业和交易打印作业。操作过程中，[打印的作业]列表不存储校样打印稿、系统作业以及停止或删除的作业，在关闭数字印刷机时，所有作业将保留在[打印的作业]列表中。[打印的作业]列表只能存储作业，为了防止系统磁盘变满，必须手动删除作业或定期自动删除作业。

在Settings Editor中，操作员可以指示清理时间，将在午夜或下次启动时执行清理（通常是第二天早上）。如果操作员启用了电子碎纸，设备从[打印的作业]列表中删除作业后，将碎化这些作业。

重新打印作业操作方法如下：

（1）按[作业]→[打印的作业]。

（2）按要重新打印的作业，或使用[选择]按钮进行选择。要撤消选择的多个作业而仅选择一个作业，则必须按该作业2秒钟。

（3）按[复印]。

（4）按[队列数]→[等待作业]。

（5）按要重新打印的作业。

（6）如果要更改设置（如作业套数），按[属性]。

（7）按[打印]。

九、选择要打印的多个作业

为了提高劳动生产率，实际操作中通常会在设备上选择要打印的多个作业，数字印刷机将按顺序打印作业。

选择多个作业的方法如表5-8。

表5-8

选项	说明
手动选择两个或多个作业	逐个按要打印的作业
[选择]按钮-[全部]	将打印[等待作业]列表中的所有作业。[等待作业]列表中的顺序决定了打印顺序。不过，在[计划的作业]列表中，操作员可以为作业指定较高的优先级
[选择]按钮-[使用可用介质的作业]	将打印纸盒中当前提供了所需介质的所有作业。这将提高生产率，因为操作员在打印期间不必更改所需的介质。操作员只需补充当前提供的介质类型

续表

选项	说明
[选择]按钮 - [使用标签的作业]	标签是一个名称或标记，可帮助操作员在操作面板上标识某些作业。将作业发送到打印机时，提交作业的人员可以为该作业添加一个标签。标签可以是任何可帮助标识某些作业的名称。标签与作业设置无关。可以在打印机驱动程序、作业单中定义标签，也可以通过自动工作流程定义标签。例如，可以为作业添加"客户XYZ"标签。然后，操作员可以选择同时打印所有具有"客户XYZ"标签的作业

选择要打印的多个作业操作方法如下：

（1）按[作业]→[队列数]。

（2）如果折叠，请先按展开键以展开[等待作业]列表。

（3）逐个按要打印的作业，或使用[选择]按钮进行选择。将突出显示所选的作业。

（4）按[打印]。

第二节　打样印刷

印刷车间接到生产工单后，通常采取两个步骤：一是打样印刷，二是批量印刷。印刷车间操作员按照《生产工单》要求，选择适合的纸张。在印刷过程中，首先应当检查页面正背是否套准，当确认套准无误后，再进行打样印刷。打样通常被列为加急生产任务。印刷车间接到打样通知后，应当优先安排生产，并将打样结果尽快送到印前车间确认，经确认无误后，印前操作员应在打样上签字。打样通常由生产车间留存，并作为批量生产的依据。根据印前车间的通知，印刷车间方可进行批量印刷，印前车间操作员与印刷车间操作员应当在生产任务交接记录薄上签字。依据合格的打样，印刷车间操作员签发《裁切纸张申请单》，交由纸张裁切人员裁纸。裁切纸张的误差应当不超过1毫米，否则将影响印刷正背套准。《裁切纸张申请单》通常一式两联，按照表格内容填好后，印刷车间操作员及纸张裁切员应签字，一联由纸张裁切人员留存，主要用于工作量的统计，另一联随裁切纸张一同送到印刷车间。根据印刷量的大小，裁切纸张时通常预备1000~2000张的加放量。印刷车间对暂时未用完的加放纸张应合理使用、妥善保管。这样做，一是可以作为近期同样规格印品的打样，二是暂时用不了的纸张，应用保鲜膜封存，防止纸张受潮变形而影响今后使用。

一、准备工作

将裁切好的纸张放入数字印刷机纸盒。纸盒通常按编号排列，其所对应的数字指示灯亮绿灯时，表示该纸盒运行正常，亮红灯时，表示该纸盒有故障，需要进行维修。每个纸盒通过指示条显示存纸量的多少，操作员依此判定是否应当补充纸张。如图5-5所示。

图5-5

二、分配、选择任务

印刷车间根据机器使用情况，将任务分配到相应机器。此任务在印刷机显示器屏幕"作业/等待作业"中显示，"等待作业"目录中包括：作业、页数、套数、已提交、持续时间、已用介质等分类栏。其中"作业"栏，显示作业名称及生产工单号；"页数"栏，显示单个作业总页数；"套数"栏，显示此次作业下印刷总套数；"已提交"栏，显示作业的提交时间；"持续时间"栏，显示完成作业所需要的时间；"已用介质"栏，显示完成作业所需要纸张的尺寸、克重、颜色及存放纸盒等信息。如图5-6所示。

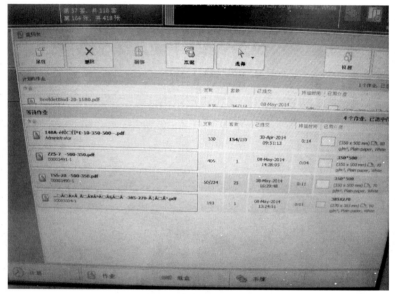

图5-6

"等待作业"目录下会有多个作业，操作员可根据生产进度需要选择其中一个作业打印，双击选中的一项作业后，进入"属性"界面，设置相应打印参数，如图5-7所示。

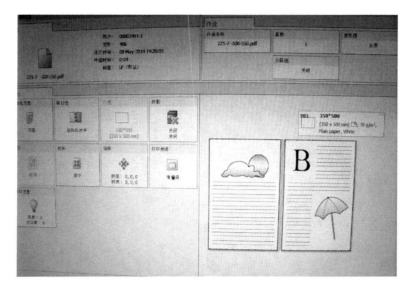

图 5-7

（1）选择打印页面参数。点击"单面或双面"，依据作业内容选择其中一项，比如"双面"，如图 5-8 所示。

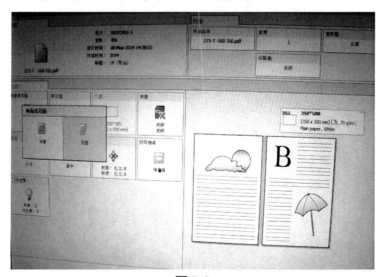

图 5-8

（2）选择打印页面范围。点击"作业/页范围"，如图5-9所示。

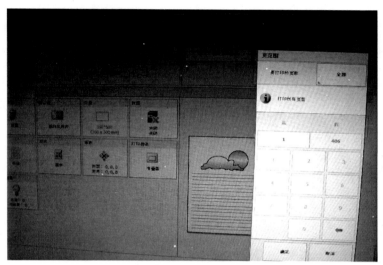

图5-9

点击"全部"，如图5-10所示。

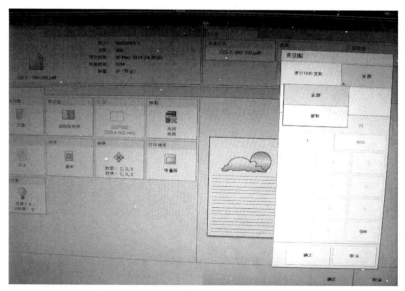

图5-10

点击"页数"，任意输入检查的页码数，如图5-11所示。

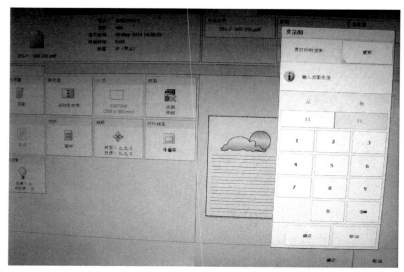

图5-11

点击"确定"后，屏幕将显示所设参数，如图5-12所示。

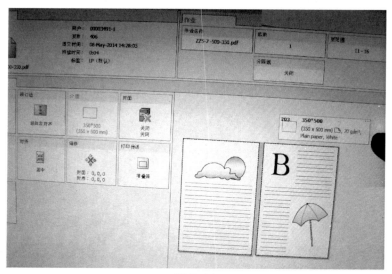

图5-12

（3）设定印刷纸张参数。点击"介质"，对印刷纸张进行参数设定，如图5-13所示。

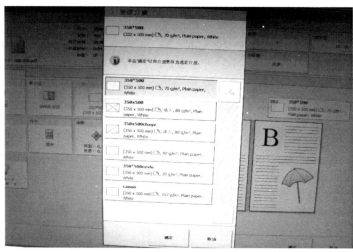

图5-13

依据任务要求选择相应的纸张印刷参数，如下图所示。

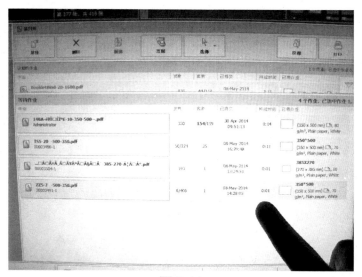

图5-14

（4）检查正背套是否准确。进行校样打印，点击"校样"，如图
5-15所示。

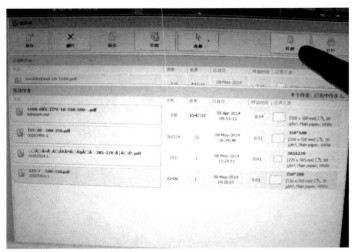

图 5-15

打印的校样输出后，印刷操作员要核对正背页码是否套准，版
心是否套准，如有偏移，则应进行调整，如图5-16所示。

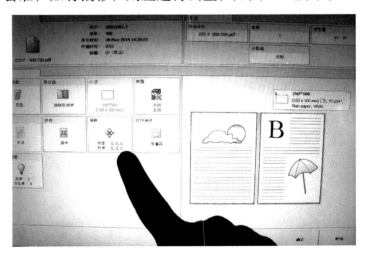

图 5-16

根据页边距及版心图像偏移情况，分别进行正背面的参数调整。调试后应做到正背页码套准、正背版心套准，如图5-17所示。

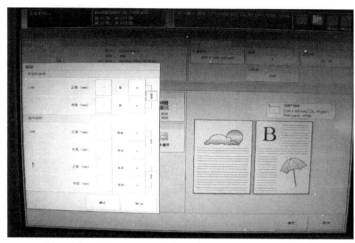

图5-17

（5）确定打样印刷套数综合参数。点击"页范围"，更改参数，如图5-18所示。

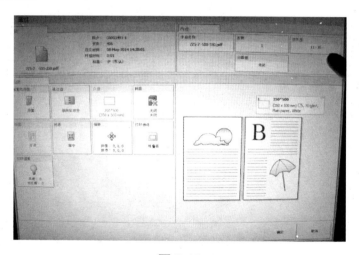

图5-18

更改原来设定的校样页数，如图5-19所示。

图5-19

点击"全部"和"确定"，如图5-20所示。

图5-20

点击"套数"，确认打样印刷输出套数，如图5-21所示。

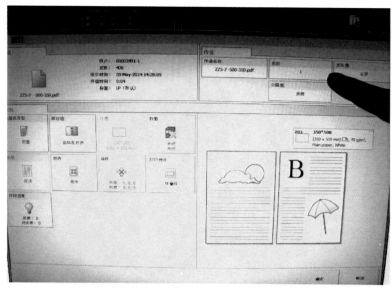

图 5-21

将打样印刷"套数"参数设定为"1",如图 5-22 所示。

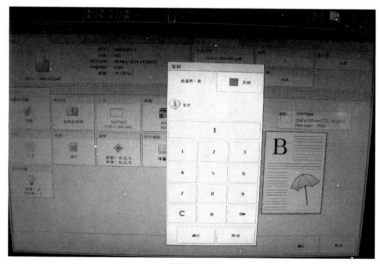

图 5-22

三、打样印刷

　　正背套检查合格后，进行打样印刷，点击"校样"，无论设定套数值为多少，印刷机默认只打样印刷 1 套。该作业仍存放在"等待作业"目录下图 5-23。

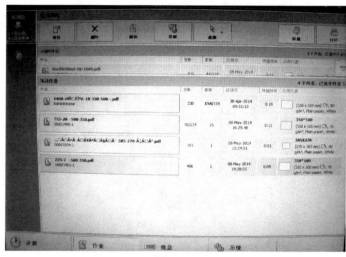

图 5-23

第三节　批量印刷

　　打样印刷完成后，印刷操作员将正文、封面、《生产工单》一同交到装订车间，装订车间将打样装订好后，送到印前车间审核，经印前车间操作员与客户审核无误后，印前车间操作员应在打样上签字确认，并通知印刷车间批量印刷。

印刷操作员根据《生产工单》实际印刷套数，设定相应的"套数"参数，点击确定，该作业将进入"计划的作业"目录中，如图5-24所示。

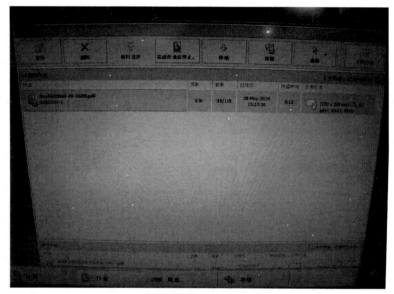

图5-24

在批量印刷过程中，操作员应随时抽查印刷质量，及时排除印刷故障。

第六章　数字印刷产品的质量控制

数字印刷质量受多种因素影响，其中数据格式、字体字库、网络传输、纸张性能、印刷车间温湿度、机器运行稳定性等因素，每个因素都可能会影响数字印刷的质量。数字印刷产品的质量控制可分为三个环节：印前质量控制、印刷质量控制、印后质量控制。

一、印前质量控制

在生产环节，印前质量控制至关重要，主要体现在两方面：一方面能在最短时间内查找出原稿的质量问题并及时反馈给客户，通过客户修改，达到最佳印刷质量；另一方面是将不规范的印刷文件通过技术手段进行规范处理，以达到印制要求，确保印刷质量。印前质量控制主要检查和处理下列问题。

（1）数据的格式。文件通常为PDF格式，该格式文件可直接用于排版，PS文件或WORD文件因转化为PDF文件后会出现版式不稳定或局部内容转化丢失的现象，在转化后需要加强检查。

（2）数据的版式。版式的检查主要包括：内文版式是否一致、版心尺寸是否一致、版式是否便于印刷和装订、内文有无出血、白页排版是否正常、奇偶页序是否正确、内文版序与生产工单是否一致，印前人员在版式检查中对有疑问的地方应及时与客户沟通，防止质量问题扩大，尽可能减少不必要的损失。

（3）数据的质量。数据的质量检查主要包括：图片的像素大小是否附合印刷要求、字体字号是否一致、封面和版权页有无错别字、封面和版权页内容是否一致、内文是否有缺字或错字。缺字或错字通常是排版时造字的字库与印前检查人员电脑中的字库不一致造成。因此，印前在接收数据时，通常要求客户将排版时造字字库一同拷贝。

二、印刷质量控制

印刷的质量检查应当以"对原稿的忠实还原"为参照标准，通常有五个参考要素：颜色、层次、清晰度、一致性、牢固性。

（1）颜色。颜色是印刷质量的直观反映，对于黑白印刷来说，颜色主要体现在墨色的饱和度方面，对于饱和度低的墨色，可通过调整印刷参数予以修正。

（2）层次。层次是对原稿颜色深浅的阶梯反映，黑白印刷中的层次主要通过灰度图的印刷质量来体现，要求颜色深浅过渡平缓且均匀。

（3）清晰度。清晰度主要体现在图像轮廓及图像细节方面的清晰程度，清晰度跟数据质量、印刷过程中的套准及机器运行的稳定性有关。因此，在印刷过程中，操作员应随机抽查印刷质量，以保证印刷品的清晰度。

（4）一致性。一致性也叫均匀性，一方面是指单件印刷品墨色前后应一致均匀，另一方面是指批量印刷的印刷品墨色应一致。

（5）牢固性。牢固性主要检查的是印刷墨粉附着在纸张上的牢固程度，印刷机的温度控制不准或纸张的光滑度太高（如双铜纸、轻涂纸）均会影响墨粉定影的牢固性。

第七章　数字印刷的成本控制

近年来，图书传统印刷市场日渐低迷，图书单品种印数也呈逐年下降的趋势，部分传统印刷厂为了更好地适应市场环境，正进行转型生产结构，采用与数字印刷相结合的方式进行生产。数字印刷省去了正文出片、制版等过程，不仅节省了时间、成本支出，而且做到了所看即所得，在印刷市场占有率呈逐步增长的趋势。

目前市场上普遍采用的黑白数字印刷方式主要有两种：一种是静电数字印刷，另一种是喷墨数字印刷。喷墨数字印刷具有速度快、单印张成本低、日产量高等优点，但也存在印刷灰度图质量欠佳、对用纸的选择比较苛刻、且浪费量大、印刷所需的胶版纸需要单独订制、纸张成本比静电数字印刷纸张价格高10%~15%等缺点。结合该设备印制特点，喷墨数字印刷更适用于对灰度图的清晰度和整体印刷质量要求不高的图书。静电数字印刷技术较为成熟，市场应用也最广泛，相对于喷墨数字印刷，静电数字印刷用纸与传统印刷用纸的品质和价格基本一致，无需单独订制，普通胶版纸、黄胶纸、轻型纸、纯质纸、铜版纸均可使用，具有纸张选择面广、成本低、生产个性化强等特点，在短版印刷、按需印刷、出血的套准以及正文有少量彩插印刷等方面，与传统印刷相比，在印刷质量、完成时间、成本支出等方面，数字印刷表现出了明显的优势。

就静电数字印刷来说，在保证一定产量的前提下，通过设备供应方与生产方共同合作，综合成本控制，能够做到静电数字印刷费低于喷墨印刷，常用开本图书的印装费已接近传统印刷1000册的费用。综合考虑，控制图书数字印制成本大致应考虑以下六个方面。

（1）选择合适的开本。目前，数字印刷机大多数采用全包服务，按面收费方式，以印刷单面A4纸为基本计费单位。由于每种数字印刷机纸库中均有最大尺寸，相应也有最大有效印刷面积，所以我们应当考虑在最大有效印刷面积中拼版印刷出最多的页面。不同的数字印刷机大纸库的尺寸也不尽相同，施乐288机器大纸库的尺寸为320mm×491mm，最经济的印刷开本尺寸为155mm×235mm及以下开本尺寸，而奥西6250机器新增加的大纸库的尺寸为350mm×500mm，最经济的印刷开本尺寸为170mm×240mm及以下开本尺寸。通过采用大纸库拼版印刷方式，可以做到印4面只收一个计费单位，比普通开本印2面收一个计费单位节省了一半的支出。选择适当的印刷开本，可以做到用低于喷墨数字印刷的价格印出高于喷墨数字印刷质量的产品。

（2）按照开本尺寸，最大限度多开上机用纸。数码印刷机根据自身纸库尺寸的不同有多种上机印刷开纸方式，有些开本采用不同的开纸方式印刷成本差别较大，如在施乐288机器上使用720mm×960mm规格的全张纸印刷155mm×235mm成品尺寸的图书，有三种不同的开纸方式：第一种是三开，开成大纸库用纸四拼印刷，一全张可印12面，单面印刷成本仅为0.00375分/面；第二种是五开，开成常规尺寸两拼印刷，一全张可印10面，单面印刷成本为0.0075分/面；第三种是六开，开成最小尺寸两拼印刷，一全张可印12面，单面印刷成本为0.0075分/面。由此可见，同样的印数采用不同的拼版印刷方式对印刷成本影响较大。

（3）提高机器效率，增加单机日产量，降低人工成本。影响机器日产量的因素主要有两个方面：首先是机器故障率，不按时维护保养机器、机器工作环境（温度和湿度）不达标是造成机器故障率高的主要原因；其次是在不影响开本尺寸的情况下，尽可能减小上机纸张的面积。因为纸张面积越大，机器掉速越明显，相应的产能就会降低，人工成本也会增加。实践证明，用小于A4面积的纸张上机印刷，单位时间内的实际印数要高于理论印数，机器效率就会明显提高。

（4）综合利用外协印刷厂加工，降低封面印刷成本。随着图书印数的减少，人们更注重封面的装帧设计及后期印制效果，对图书封面的个性化需求也不断增加，虽然总印数只有几百册，但是作者或编辑往往要求把封面做得更加精美，往往就会要求增加封面压纹、烫金、UV、磨砂、起凸等特殊工艺。经测算比较，特殊工艺的外包既能降低生产企业的成本，又能满足客户的个性化需求。

（5）为正文带彩插的短版图书提供了更经济的解决方案。有些图书正文是黑白印刷，其中有部分页是彩页，传统印刷厂印刷彩插要考虑两个因素：一是考虑纸张加放，如150张或200张，相当于加放正文1200页或1600页；二是规模不等的印刷厂起印数规定不同，在印数少而达不到起印数的情况下，均按照起印数收费。数字印刷彩插时，免去了计算加放，减少了纸张费；免去了计算起印数，降低了印刷费。

（6）部分图书可采用多批次、小批量的按需印刷。正文黑白印刷的非常销书、非畅销书及销量不确定的其他图书可采用多批次小批量印刷，销售数量不确定的图书可尝试首先采用数字印刷探究市场的反应，然后再决定采用何种方式印刷不失为一种稳妥的做法。销售数量不确定的图书，按需印刷方式虽然保守，但对于编辑或出版社不会造成太大的经济损失。按需印刷可以做到根据市场需求或客户需求多批、次小批量印刷，这样做不仅减少了库存，避免了不必要的浪费，而且还降低了图书的直接成本支出。

综上所述，静电数字印刷质量已趋成熟并被市场所接受，图书数字印制成本的控制应从印前、印中、印后三个环节去综合考虑解决方案，并充分利用社会资源。只有这样才能降低图书生产中的各项成本，低成本、高质量、按需印刷、零库存是数字印刷的最显著特点。